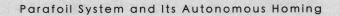

Parafoil System and Its Autonomous Homing

翼伞系统及自主归航

高海涛　著

中国科学技术大学出版社

内 容 简 介

本书对翼伞系统运动特性、在线风场辨识和预测、自主归航轨迹的规划和轨迹跟踪控制方法等内容做了深入研究。书中建立了翼伞系统的六自由度运动模型，对翼伞系统在双侧等量和差量控制条件下的运动特性进行了研究和分析；将翼伞系统的飞行状态分为直线滑翔和转弯两种情况，分别研究其受风影响前后的飞行轨迹变化，建立了用于翼伞系统自主归航过程中的在线风场预测模型；结合高斯伪谱法，介绍一种归航轨迹的容错设计方法；研究了一种辅助种群量子差分进化算法，将其应用到翼伞系统分段归航的轨迹规划中，同时对翼伞系统自主归航时的航迹跟踪控制进行了研究，并介绍了一种翼伞系统半实物仿真平台。

本书可作为从事飞行器制导与控制、自抗扰控制应用研究的科研人员和工程技术人员以及高等院校控制理论与控制工程、导航制导与控制等专业的研究生或高年级本科生的参考用书。

图书在版编目(CIP)数据

翼伞系统及自主归航/高海涛著. ——合肥：中国科学技术大学出版社，2022.4
ISBN 978-7-312-05377-1

Ⅰ.翼… Ⅱ.高… Ⅲ.翼伞—归航—研究 Ⅳ.V244.21

中国版本图书馆 CIP 数据核字(2022)第 035956 号

翼伞系统及自主归航
YISAN XITONG JI ZIZHU GUIHANG

出版	中国科学技术大学出版社
	安徽省合肥市金寨路 96 号,230026
	http://press.ustc.edu.cn
	https://zgkxjsdxcbs.tmall.com
印刷	安徽国文彩印有限公司
发行	中国科学技术大学出版社
开本	710 mm×1000 mm 1/16
印张	8.75
字数	152 千
版次	2022 年 4 月第 1 版
印次	2022 年 4 月第 1 次印刷
定价	32.00 元

前　　言

　　与传统圆形降落伞相比,翼伞具有良好的操纵性和滑翔性,其与自动控制系统相结合为实现翼伞系统的自主归航提供了可能,也将为翼伞系统的应用开辟更广阔的空间。在智能农业(如农药或化肥空中喷洒等)、环境监测(如地下异常探测、环境污染和火山喷发有害气体检测等)、高分辨率航拍、商业宣传等民用领域,装有自动控制系统的翼伞系统具有广泛的应用前景和重要的实用价值。特别是在军事应用领域,它可以帮助军队进行军事勘测与侦察、射频信号中继、作战物资投送、执行打击任务等,是当前欧美国家研究的重点。此外,在传统飞行器难以抵达的特殊危险地域执行灾难救援任务方面,它也发挥着难以替代的作用(如搜寻,食品、药品、通信设备等救援物资投送等)。相对于传统飞行器,柔性翼伞系统所具备的特殊优势,使其成为当前国外研究的热点,特别是军事领域的用途正在向半自动化和全自动化方向迅速发展。我国在该领域的研究起步较晚,研究成果相对较少,相关书籍更是缺乏,本书是笔者多年来研究翼伞系统的一些相关成果,希望该书的出版能为我国翼伞系统的深入研究和应用尽一份微薄之力。

　　实现翼伞系统的自主归航,涉及纺织、力学、计算机、控制等多个学科和领域,是一项复杂的任务,其自主归航的精确性受到模型精确性、导航质量、控制精度特别是风场干扰等因素的影响,本书主要对翼伞系统的运动特性、风场辨识、风场预测、轨迹规划、航迹跟踪控制等问题进行系统研究,提出了一些新的观点和方法。全书共分7章,

第 1 章对翼伞及其应用领域、相关技术和国内外研究现状等进行了分类介绍,并指明了本书的研究范围。第 2 章介绍了翼伞系统运动模型的建立,对其特殊条件下的运动特性进行了研究分析,所获理论成果为异常工作条件下的翼伞自主归航系统的设计提供理论支撑;借助大气动力学相关理论,对翼伞系统周围风场扰动的识别及预测方法进行了探讨,为精确空投、无损着陆提供风场辨识基础。第 3 章研究了翼伞系统在正常与异常工作状态下轨迹规划问题,为翼伞系统最大限度的精确空投提供保障。第 4 章对翼伞系统归航过程中的分段归航方法做了阐述,并介绍了一种新的优化算法来解决参数优化问题。第 5 章设计了一种 ADRC 航迹跟踪控制器,实现翼伞系统自主飞行。第 6 章介绍了一种翼伞半实物仿真平台及仿真案例。最后,对本书的主要创新性内容进行了简要总结,指出了一些不足或需要进一步改进的地方,并对翼伞系统待研究的其他问题进行了探讨。

本书成果在研究过程中受到国家自然科学基金面上项目(61973172)、安徽省自然科学基金面上项目(1808085MF183)、安徽高校学科(专业)拔尖人才学术资助项目(gxbjZD2020079),以及天津市自然科学基金重点项目(19JCZDJC32800)资助。同时,感谢南开大学、中航工业航宇救生装备有限公司、天津市气象局和作者工作单位(安徽科技学院)在项目研究和本书的出版过程中提供的支持和帮助。书中不足之处,恳请各位专家和广大读者批评指正。

高海涛

2021 年 9 月 16 日

目　　录

第1章 绪 论

降落伞是一种气动力"减速器",自空中抛出以后在其下降的过程中,利用空气的相对运动将伞衣撑开,在空气阻力的作用下,降落伞及其载重物缓缓下降,对载重物起到了减速降落的作用。掌握了降落伞的工作原理后,人们最初主要将其应用到杂耍、表演等日常生活中,直到18世纪末,在法国才产生世界上真正意义上的降落伞,此后经历的两次世界大战大大加快了降落伞的发展速度,产生了各式各样的降落伞,主要用于各种军事目的的物资投送、部队空降、各种武器的减速等领域。自20世纪50年代以来,航天事业蓬勃发展,为降落伞的应用提供了更为广阔的平台,美国的"阿波罗"计划中,载人飞船的成功回收标志着降落伞技术发展进入了一个新的阶段,目前降落伞在航空航天领域主要用于火箭、卫星、无人机等飞行器的回收中。

1.1 翼伞系统介绍

由于常规降落伞技术发展成熟且操作简单,因此,当前物资的空投和飞行器的回收仍然主要采用常规降落伞作为减速设备。常规降落伞及其所载重物在下降过程中属于自由飞行,随风漂移,其漂移距离随着其投放高度和周围风力的增大而变大,因此,当其着陆时,误差较大,少则几公里,多达几十公里,且同时进行多重物投放时,常规降落伞及其所载重物着陆点的分布也比较分散。这些缺点都不利于迅速高效地进行物资收集,提高了搜索难度,增加了物资搜集成本。特别是因战事向敌区投送物资或兵力时,常规降落伞的缺点会带来更大的麻烦,着陆点的分布及误差降低了物资和兵力的集合效率,为了提高着陆精度,军用运输机不得不飞得离空投目标点更接近些,给飞机、投送物资或士兵带来暴露在敌人面前的危险。这些缺点归根结底是由于常规降落伞飞行不能受到有效控制而导致的,经过不断的发展,催生出了一种新型的可以控制其飞行方向的降落伞——翼伞。

1.1.1　翼伞及其控制

1. 翼伞结构及发展过程

翼伞是一种完全展开后,类似鸟翼形状的降落伞。在 20 世纪逐渐发展形成[1-3]。

1930 年,德国人 E.L.霍夫曼把降落伞的伞衣平面设计成了三角形的形状,并将其剪去了一角形成了一个排气口,由此,降落伞的水平飞行速度达到了1.3 m/s。

1944 年,福兰克·泰勒将普通平面圆形伞的伞衣做了修改,开了两个"泰勒"缝,使这种降落伞具备了在一定程度上可以操控的特点,同时成为了第一种可以滑翔的圆形降落伞。

20 世纪 50 年代末,美国 NASA(National Aeronautics and Space Administration)将龙骨式翼伞用于"双子星座"地球轨道飞船的着陆系统,这种翼伞的升阻比大于 2。图 1.1 为两种典型龙骨式翼伞的结构示意图,其中,图 1.1(a)为单龙骨翼伞,图 1.1(b)为双龙骨翼伞。

1954 年,法国人 D.E.贾必特发明了一种称为 Parafoil 的冲压式翼伞,这种翼伞兼顾风筝和气球的特点,翼伞在相对运动时将大气送入伞衣的气孔,伞衣被撑起,可以像风筝一样飞行。与龙骨式翼伞相比,它的升阻比也在 2 以上,但伞衣面积要比龙骨式翼伞大 1/2~2/3,不过它却能克服龙骨式翼伞至今仍存在的伞衣容易损毁的问题,具有较高的安全可靠性。

1964 年,法国人勒穆瓦涅也对圆形伞做了些变动,他将圆伞的伞顶用绳子拉下一定距离,这样充气后的伞衣的形状就变成了扁平状,并在伞衣的前后开了许多用于空气流通的缝口,来提高降落伞的升阻比。

1986 年,林加特提出了一种新型的翼伞[4],这种翼伞采用封闭的后掠前缘,

其滑翔比可以超过 7∶1,经过后来不断地改进,这种翼伞成为了美国陆军所配
备的高级滑翔比飞行器,用于强隐蔽着陆或高滑翔要求领域。

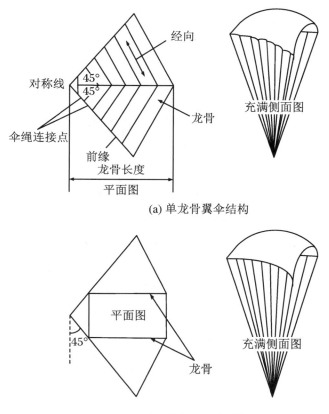

(a) 单龙骨翼伞结构

(b) 双龙骨翼伞结构

图 1.1 两种典型龙骨翼伞结构示意图

随着时间的推移,翼伞也在快速发展,其中,发展速度最快、种类最齐全的
是冲压式翼伞。翼伞发展的过程中也出现了很多名称,例如,滑翔伞、可控翼
伞、冲压翼伞等,本书不做细致的区别,如无特别说明,用翼伞(parafoil)指代冲
压翼伞。图 1.2 为传统翼伞结构示意图。

从图 1.2 可以看出,翼伞的伞衣由上下两个翼面和它们之间被分割出的若
干个气室构成,翼伞的伞衣由抗撕丝绸制成,不易撕损且不易透气。伞衣通过
伞绳和吊带与载重物相连,翼伞在载重物的重力牵引下,沿着前缘方向向前运

动,在此过程中,空气通过翼伞前缘的气孔流入各个气室,在冲入气体的作用下,翼伞伞衣将完全展开。翼伞后缘左右两侧各有一根操纵绳,通过下拉操纵绳(分单侧分别下拉和双侧同时下拉)来改变翼伞系统的气动特性,可以改变翼伞系统的飞行状态。

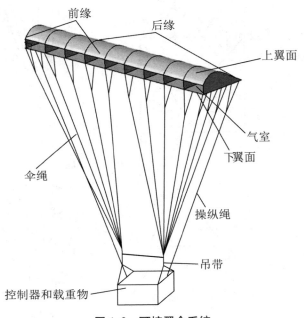

图 1.2　可控翼伞系统

2. 翼伞系统归航控制

　　翼伞系统既具备传统降落伞所具备的体积小、重量轻、易于携带等优点,同时还具备良好的滑翔性、可控性能和稳定性,通过合理操控可以实现无损着陆,它所具备的这些优点为实现高空、远距离、自主精确空投提供了有效的手段。随着我国综合国力的不断增强,翼伞技术必将在航天、救灾、定点空投等各个领域得到更广泛的应用。

　　翼伞系统的自主归航过程一般会经历如图 1.3 所示的几个阶段。

图 1.3　自主归航阶段

　　翼伞系统从空中起始点开始,首先要进入开伞阶段,即翼伞在载重物重力的作用下产生与空气之间的相对运动,通过冲入气室的气体所产生的压力将翼伞伞衣完全撑开;伞衣展开之后,翼伞系统所载导航系统开始工作,接受导航数据,进行定位;翼伞系统在获得自身位置数据之后,将其与着陆目标点进行对比,在控制系统的控制下飞往目标点上空;当翼伞系统飞到目标点上空区域时,如果离地面距离较高,达不到着陆要求,控制系统将控制翼伞系统进行盘旋削高,使翼伞系统逐步进入到下风区域;此后,根据下风区域的风向、目标点位置和自身位置,控制系统控制翼伞沿预定轨迹迎风滑翔,待达到雀降高度时,双侧伞绳在驱动电机的作用下同时下拉,实现迎风雀降(翼伞系统接近地面滑翔飞行时,同时迅速下拉左右两侧操纵绳,翼伞系统的前进速度和垂直下降速度会迅速达到最小值,若此时载重物恰好着陆,即可实现载重物无损着陆,翼伞系统的这种着陆方式称为雀降)。

　　翼伞系统自主归航的方法主要有简单归航、最优控制归航和分段归航三种[2]。简单归航方法的特点是翼伞控制系统事先并不对自己控制的翼伞系统所飞行的轨迹做出整体预判,而只是简单的根据翼伞系统的航向偏差来不断调整翼伞的航向,例如,比例、二阶比例、非比例控制或其他智能控制方法。最优控制归航与分段归航两种方法采用事先根据所采样的数据通过智能优化的理论对翼伞系统所要飞行的轨迹做出预判,然后再对翼伞系统做出飞行控制。两者所不同的是,前者是结合目标函数和各种约束条件,采用最优控制理论在线或离线地对翼伞系统的整个运行轨迹的最优情况做出预测,由此产生相应的控制率来控制翼伞系统沿最优路径飞行。而分段归航方法是事先人为地把翼伞系统的飞行轨迹划分为若干个阶段,一般粗略地可以分为向心段、能量保持段和着陆段三个阶段(本书第 4 章 4.4 节将对三段式几何归航轨迹设计做具体介绍),然后再由控制系统根据所分各段对翼伞系统进行飞行控制。

　　简单归航方法基于一般的控制思想对翼伞系统实施控制,其着陆精度难以保证,且很难完成翼伞系统的迎风雀降,只能另设他法实现无损着陆。最优控制归航目前主要停留在理论研究阶段,由于翼伞系统的飞行受到风场因素的影响比较大,因此,利用最优控制理论得出的控制率实施的控制在控制精度上也难以保证。分段归航方法对于具有特殊飞行特点的翼伞系统来说在实际工程应用中具有重要的价值,它实施起来简单,且具有较高的稳定性和鲁棒性。

3. 翼伞自动控制系统

　　翼伞系统的自动控制系统是为翼伞系统实现自主归航而设计的,一般由控制器、导航设备和伺服系统三大部分构成,其中,控制器是系统的核心部件,其周围所搭载的外围设备并不唯一,根据所完成的任务和要求的不同有所变化。图1.4 所示为一翼伞系统的控制系统结构框图。

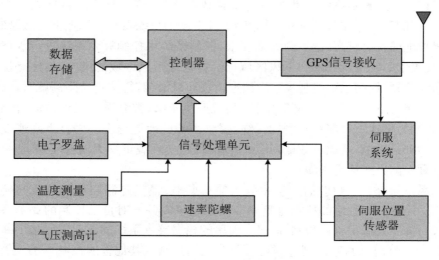

图 1.4 翼伞控制系统结构图

图1.4 所示的控制系统主要由控制器、GPS(全球卫星定位系统)信号接收、数据存储、伺服机构和一些传感器件构成。GPS 信号接收设备用于采集位置、时间等卫星数据,实施卫星导航;数据存储模块用于实时存储翼伞系统的轨迹、控制量、时间等飞行特征数据;伺服系统主要由驱动器和马达构成,用于实施下拉伞绳动作;伺服传感器用来采集伺服马达的位置数据;电子罗盘(数字指南针)在翼伞系统飞行过程中用于确定北极方向,起补充导航作用;温度测量用于测量翼伞系统所处环境温度信息;气压测高计利用气压与高度之间的关系来测量翼伞系统所处的海拔高度(绝对高度)信息;速率陀螺用于测量姿态角变化速率信息;信号处理单元用于对各种传感器送来的各种信号进行合理变换,将变换后的信号送入控制器(中央控制单元)作为控制器的决策信号;控制器起决策和中央调度作用,它将各种传感器送来的采集数据进行综合处理,通过预定控制算法计算出控制量,根据控制量向马达驱动器发出命令,在驱动器的驱动下马达牵引伞绳,改变翼伞系统飞行轨迹或运动姿态,与此同时,控制器操控数据记录装置对翼伞系统的各种飞行数据进行在线记录。

1.1.2 翼伞的应用领域

鉴于翼伞的诸多优点,它已经被广泛应用于各个领域。

1. 军用领域

翼伞可以用于战地物资、武器配送、作战部队空降、战机弹射座椅安全着陆、军事侦察等军事领域。例如,美国 SSE 和先锋公司共同开发了用于执行精确空投任务的制导控制系统,该系统在翼伞上增加了由机载计算机、军用 GPS 接收机和一些传感器组成的自动导航单元。图 1.5(a)为美国海军陆战队作战实验室(MCWL)于 2001 年进行的一次空投实验,该系统是为未来战场中所需要的远距离超视距后勤再补给系统而开发的制导翼伞空投系统(GPADS);图 1.5(b)为作战部队在进行翼伞空投演练。

| (a) 制导翼伞空投系统 | (b) 空投部队 |

图 1.5 军用领域应用

2. 航空航天领域

在航空航天领域,翼伞可以用在无人机、运载火箭助推器、卫星及其他返回式飞行器的回收领域。例如,1998 年 3 月美国对 X-38(为国际空间站研制的升力体再入式乘员返回载具的原型机)进行的回收试验,就采用了翼伞对被释放出来的原型机进行滑翔着陆[5]。2001 年 12 月,X-38 原型机进行了最后一次试验,其采用的翼伞面积为 697 m²,着陆时的精度为 360 m。图 1.6 为 X-38 回收过程中的画面。

图 1.6　X-38 航天器回收

3．民用领域

滑翔伞运动是翼伞在民用领域最为常见的应用,如图 1.7 所示。其次是一些动力翼伞在商业领域的应用,例如,航拍、发电、空中观光、散播广告、庆典表

图 1.7　滑翔伞运动

演等。近年来,人们开始研发地震、爆炸等突发灾难条件下能用于抢险、救灾的翼伞系统,该系统在传统翼伞的基础上增加了智能控制系统,构成了集空投、通信、控制、救灾等技术于一体的智能翼伞系统。图 1.8 显示的是我国中航工业集团航宇公司研发的用翼伞作为机翼的低速无人机。

(a) 翼伞无人机　　　　　　　　(b) 翼伞无人机的监控平台

图 1.8　翼伞无人机及地面监控平台

图 1.8(a) 为翼伞无人机在执行消除空中雾霾的飞行画面,图 1.8(b) 为该翼伞无人机的监控平台,对无人机的飞行及执行任务情况进行监视,并可以向无人机发送控制命令。该翼伞无人机具有有效载荷大、飞行时间长、操作方便、安全可靠且成本低廉等优点,它可以被应用到电力巡线、农业播撒、消除雾霾、航拍等领域。

1.2　翼伞系统研究成果概述

目前,对翼伞系统的理论及应用方面的研究尚不成熟,特别是国内研究成果相对较少,该领域是国内外争相研究的热点。本节从翼伞气动特性与动力学模型、翼伞系统的归航控制、轨迹规划及其他研究四个方面简要介绍其在国内外的研究成果。

1.2.1 翼伞气动特性与动力学模型

葛玉君[6]提出了一些假设条件,在分析和计算翼伞所受气动力、回收物过载的基础上,建立了可控翼伞的六自由度模型,并对面积为 40 m² 的翼伞系统的模型进行了仿真与分析。李国光[7]对冲压式翼伞的开伞过程进行了研究,在分析冲压式翼伞开伞特点的基础上,建立了翼伞的开伞数学模型,采用龙格-库塔法对状态方程进行求解。马海亮、习赵军[8-9]分别建立了翼伞系统的九自由度动力学模型,并通过仿真实例对其进行了仿真和分析。钱克昌[10]在无动力翼伞六自由度动力学模型的基础上,增加了载重物与软翼之间的俯仰角和偏航角两个自由度,建立了动力翼伞系统的非线性八自由度动力学模型,并对其进行了仿真,验证了该模型的正确性和有效性。熊菁[11]建立了翼伞系统的非刚性连接模型,仿真分析了翼伞在滑翔、转弯及雀降操控条件下,回收物和伞体之间的运动特点,证明了多点交叉连接方式可以抑制两者之间的相对运动。贺卫亮[12]对冲压翼伞的升组特性进行了研究。对理论计算与试验结果进行了对比,在分析柔翼与刚性翼差异的基础上获得了升阻比的最佳点;提出了一些减小翼伞所受阻力的措施。张顺玉[13]对翼伞雀降操纵时操纵力的计算进行了研究,得出了操纵力的计算公式。李扬[14]采用预处理的双时间步长方法,研究了翼伞系统有攻角飞行条件下,翼伞所受阻力、升力的瞬态响应与非定常漩涡脱落对翼伞系统气动力的影响问题。李健[15]借助 CFD 工具,通过计算,对二维翼型剖面切口角度与高度对翼伞气动力的影响进行了研究。朱旭[16-17]研究了翼伞平面形状、弧面下反角和前缘切口对翼伞气动性能的影响。张春[18-19]对冲压翼伞的流场和气动操纵特性及弱耦合的翼伞气动变形进行了数值仿真和分析。

Kalro[20-21]提供了两种翼伞系统动力学模型仿真方法,一种是将整合后的翼伞系统飞行过程中的升力和阻力历史数据代入到翼伞系统的飞行力学方程对其进行仿真;另外一种就是将先进有限元公式和并行数值仿真技术结合,不断计算翼伞系统的升力和阻力系数,循环仿真。Mohammad[22]通过风洞试验对翼伞系统的基本气动特性进行了研究。Masahito[23-24]建立了动力翼伞系统的八自由度运动方程,并将数值仿真数据与实测数据进行了对比,验证了模型的正确性,在动力翼伞系统的八自由度运动方程的基础上建立了其线性运动模型,并结合卡尔曼滤波器设计了相应状态和扰动的观测器。Zhou[25]建立了无人动力翼伞的九自由度运动模型。Christelle[26]建立了一个九自由度的翼伞系统通用运动模型。He[27]对系留翼伞系统的控制进行了研究,利用增强学习方法对系统的参考输入分别进行了优化,并针对该系统建立了一个计算量相对较小的运动模型,并推出了系统轨迹跟踪时采用的控制器。Umenberger[28]对小型动力翼伞的模型进行了研究。Cao[29]利用计算流体力学方法,研究了翼伞的几何特征参数对翼伞的气动性能的影响。研究结果表明,平面几何参数对翼伞的气动性能影响明显;翼伞上反角增大引起翼伞所受升力增加,但对升阻比影响很小;前缘半径的减小或伞体变薄会使升阻比增大;前缘切口对翼伞所受升力影响较小,对所受阻力影响较明显。Wirz[30]研究了翼伞系统飞行特征信息与气流之间的关系,将气流分布显示在地图上,并通过该地图显示情况向飞行员传递飞行指导。Peyada[31]对翼伞空投系统的动力学模型进行了研究,在大攻角条件下建立了九自由度运动模型。Toussaint[32]提出了一种通过利用少量的飞行数据修正翼伞系统运动模型的方法来得到理想运动模型的方法。Ward[33]对翼伞系统攻角大小的影响因素进行了分析,攻角的变化与翼伞系统质心的变化相关,由载重物连接距离、伞绳的长度、载重物重量等因素决定。Gorman[34]利用牛顿动力学为翼伞系统建立了一个七自由度运动模型,并与传统刚体模型(忽略了伞体与载重物之间的相对运动)进行了对比,仿真表明,当翼伞处于向左(右)转弯运动时,七自由度模型产生的相对偏航角要比传统刚体模型变化明显。Ward[35]对翼伞空投系统在风场作用下的运动特性做了分析。Siegers[36]建立了八自由度运动模型,分析结果表明,伞体与载重物之间的相对运动(相对俯仰角和相对偏航角变化)能够引起翼伞系统的持续震荡。

1.2.2 翼伞系统的归航控制

熊菁[37]研究了 Serret-Frenet 坐标系下的翼伞系统的轨迹跟踪问题,采用比例微分(PD)控制算法作为轨迹跟踪的控制器,仿真结果验证了方法的可行性。钱克昌[38]针对翼伞系统精确动力模型难以建立的特点,提出了一种将神经网与动态逆控制相结合的控制方法,用于翼伞自主飞行控制,仿真验证了该算法的有效性和良好的鲁棒性。谢亚荣[39]提出了一种基于模糊干扰观测器

(FDO)的非线性预测控制器。谢志刚[40]将预测控制与动态逆两种算法结合在一起,设计了一种组合飞行控制器用于翼伞系统的飞行控制,仿真结果验证了方法的有效性。刘琦[41]对翼伞系统的归航采用分段归航方式,对其进行了工程化设计,采用了 PID 控制器来控制翼伞系统的飞行轨迹。朱二琳[42]将模糊控制算法应用到翼伞空投系统航迹跟踪上。李永新[43]根据翼伞系统航迹跟踪过程中误差大小的不同,采用模糊控制和广义预测控制相切换的控制方法。

另外,在对翼伞系统操纵绳的控制上,阎健[44]对单电机控制双侧伞绳的方式进行了研究,有别于国内外常见的两个电机控制操纵绳的设计结构,具有体积小、可靠性高、程序修改容易的优点,但它不能对翼伞系统实施雀降操作。李春[45]设计了翼伞精确定点归航控制系统,介绍了软硬件组成及设计方法,该系统分为自主归航和人工遥控归航两种工作模式,在人工遥控归航模式下,由地面操控人员向翼伞控制系统发送控制指令,引导翼伞系统归航。李哲[46]系统介绍了翼伞自动导航控制系统的导航算法、软硬件构成及设计等,并将试验所得数据与国外资料进行了对比,提出了一些改进的建议。

Chiara[47]利用 PD 控制器实现了自动翼伞空投系统的轨迹跟踪控制。QIAN[48-49]提出一种控制动力翼伞飞行状态的基于动态神经网络的动态逆控制算法,仿真验证了该控制算法具有较好的控制能力和鲁棒性。XIE[50]针对翼伞系统轨迹跟踪提出了一种结合状态相关黎卡提方程及泰勒级数逼近翼伞系统预测控制模型的复合控制算法(NMPC),仿真表明翼伞系统能够很好的跟踪预定轨迹,误差较小。Slegers[51]和 Rademacher[52-53]分别对翼伞空投系统的导航、制导与控制做了介绍。Slegers.N.J 建立翼伞系统的六自由度动运动模型,进一步将其缩减为二自由度模型,并为其设计了智能预测控制器用于跟踪预定轨迹。Culpepper[54]针对翼伞空投系统伞衣或伞绳等出现故障、正常情况下不能准确降落的问题,提出一种具有自适应能力的控制逻辑,仿真证明了在翼伞故障或风扰状态下,这种控制逻辑比正常工作时的控制逻辑更能减小着落误差。Ward[55]提出了一种通过控制翼伞系统滑翔斜率的方法来提高其着陆精度。

1.2.3 轨迹规划

熊菁等[56]利用共轭梯度算法对翼伞系统的归航轨迹的最优问题进行了求

解,控制率兼顾了着陆精度、控制能量和逆风对准三个目标条件下的最优。谢亚荣[57]对处于地形、火力威胁条件下的翼伞系统的航迹问题进行了研究,对两种威胁进行了建模,生成了三维搜索空间,并利用粒子群优化算法对翼伞系统的航迹进行了优化,规划出了一条能够躲避威胁,满足航程和高度约束条件的归航轨迹。焦亮[58]利用非均匀 B 样条技术将轨迹的规划问题转成了参数优化的问题,结合混沌粒子群算法对灾难环境下翼伞空投机器人系统的航迹规划问题进行了研究。

熊菁[59]在 2005 年发表的论文中对翼伞系统轨迹的分段方法进行了介绍,并给出了一种分段轨迹规划方法的目标函数,结合遗传算法求解目标函数的参数来确定分段轨迹。蒲志刚[60]分别对目标接近段和能量约束段的位置控制与方向控制进行了研究,提出了一种可以用于翼伞系统分段归航的角度控制方法。张兴会[61]在熊菁的研究基础上,利用改进的粒子群优化算法对能量约束条件下的翼伞系统航迹分段规划问题进行了研究。Kaminer[62]借助最优控制理论研究了翼伞空投系统航迹的分段规划,并设计了非线性轨迹跟踪控制器,最后对其进行了仿真验证。Liu[63]对粒子群优化算法进行改进,提高了算法的全局搜索能力和速度,并将其应用到翼伞系统的轨迹规划上。Pini[64]对灾难环境下的人道主义物资空投救助系统进行了系统地研究。介绍了系统的动力学模型、归航轨迹的生成及导航方法,并为多个翼伞系统的飞行设计了统一的调度管理方式。Jonathan[65]针对翼伞系统归航过程中容易受风影响的问题,提出一种选择性轨迹规划方式来确定翼伞系统所跟踪的预定轨迹,该方法借助一个图像处理单元采用大规模并行蒙特卡罗模拟操作,根据候选轨迹对当前风场的鲁棒性进行排序。在现实动态风场中,该方法所得轨迹的鲁棒性要比根据理想风场采用最优控制理论所得的轨迹更好。2013 年,Lee[66]提出了一种两点边值贝叶斯曲线轨迹规划方案,该曲线连接翼伞当前位置与迎风雀降时的目标点,规划方案考虑到了非恒定的转弯速率、变化的轨迹长度、障碍物和变化风场因素,实验结果表明该轨迹规划方案具有较好的鲁棒性。同年 Cleminson[67]提出了一种简单的动态轨迹规划方案。Rosich[68]对翼伞系统的群体归航的轨迹及控制规则进行了研究。Herrmann[69]利用雷达系统测量出翼伞空投系统目标点处的风廓信息,然后将其传送给翼伞控制系统,规划出相应的轨迹,提高系统着陆精度。

综上所述,可以将翼伞系统的轨迹规划方法分为两类:一类是根据最优控制控制理论规划轨迹；另一类是对翼伞系统的归航轨迹分段进行规划。

1.2.4　其他

张翼[70]针对翼伞理论学习与日常训练过程中存在的不足，利用虚拟现实和三维场景显示等技术，设计了一种可控翼伞虚拟训练系统。王锐[71-72]将磁航姿态系统和惯性器件结合起来，提供了一种综合测量航向角的方法，并对精确空投系统的导航方法进行了研究和仿真。Potvin[73]对翼伞的充气模型进行了研究。Purvis[74]对翼伞伞绳的拉直过程进行了研究。Ogawa[75]对可回收火箭的回收系统进行了研究，回收过程是，当火箭到达顶点时利用引导伞将减速降落伞拉出，减小火箭的下落速度，随后翼伞被减速伞拉出并展开，但火箭仍然保持下降状态，经过几秒钟的时间，翼伞系统开始工作，经过 GPS 系统导航执行自主归航操作。

1.3　研究背景与意义

自 20 世纪 50 年代以来，翼伞的研发、制造和应用快速发展，美、英等西方国家起步较早，很早就系统详细地做了长期的研究规划，在翼伞精确空投系统或自主归航翼伞系统方面，他们已经成功进行了试验，并且已有相对成熟的产品被应用到航空、军用等领域。相对来说，我国对翼伞的研究和应用起步较晚，对于精确空投或能够实现自主归航的翼伞系统目前仍处于理论研究和初步试验阶段，与技术发达国家相比仍有一定的差距。

一方面，由于翼伞系统的特殊结构及工作原理，影响其自主归航精度的主要因素除了模型精度、控制器性能等外，一个极其重要的因素就是风场扰动，风场数据的精确获取或预测是实现翼伞系统精确归航的关键。翼伞系统属于柔性非线性系统，测速传感器的安装或翼伞系统理想轨迹的推算并不像其他刚性结构飞行器那么容易。而另一方面，具有自主归航能力的翼伞系统在未来航空、航天和军用领域等具有极其重要的作用。因此,研究适用于翼伞系统的风场识别方法、风场预测方法、精确航迹控制器和合理航迹规划,对实现翼伞系统的精确归航具有重要意义。

本书将系统介绍前期研究过程中取得的一些研究成果,涉及翼伞系统自主归航过程中的风场辨识、风场预测、归航轨迹的规划与控制等几个问题,为我国翼伞系统精确自主归航的理论研究与工程实现提供参考。

1.4 本书主要工作及结构设计

本书主要对翼伞系统特殊控制条件下的运动特性及其自主归航方面的风场预测、轨迹规划及其容错设计、归航控制等问题的研究进行系统介绍。主要章节按照引言、理论分析、仿真验证和章小结的方式进行编排,全书共分为 7 章,其中第 2 至 6 章是本书的核心内容。本书所做主要工作如下:

(1) 提出了一种适用于翼伞系统自主归航的在线风场辨识方法,将翼伞系统的飞行状态分为直线滑翔和转弯两种情况,研究其受风影响前后的飞行轨迹变化,建立风场辨识模型。借助大气动力学相关理论,建立了广义上部摩擦层风廓(风场)计算公式;结合所建立的翼伞系统风场辨识模型,提出并建立了翼伞系统在线风场预测模型;将预测风场与实测风场信息进行仿真对比,验证了该预测模型正确性,为实现翼伞系统对其周围风场的在线辨识提供了具体方法。

(2) 鉴于高斯伪谱法具有求解精度高、收敛速度快等优点,提出将高斯伪谱法应用到翼伞自主归航系统的轨迹优化中,仿真验证了该方法的可行性。对翼伞系统在双侧等量和差量控制条件下的运动特性进行了研究和分析,所得结论为单电机控制或双电机异常工作条件下的翼伞自主归航系统的设计提供了理论支撑。针对翼伞系统归航过程中的异常工况,提出归航轨迹容错设计方法,建立了翼伞系统异常工作条件下的三自由度质点模型,并确立了该条件下的目标函数、各种约束条件,结合高斯伪谱法规划最优轨迹。

(3) 结合差分进化和量子进化两种算法的寻优优点,兼顾翼伞系统在线寻优需求,提出了辅助种群量子差分进化算法,确立了性能评价指标,并通过多个测试函数,将辅助种群量子差分进化算法的寻优性能与差分进化算法进行对比,结果表明该算法寻优性能优于差分进化算法,具有很强的全局和局部搜索能力。将辅助种群量子差分进化算法应用到翼伞系统分段归航的轨迹规划中,在求解翼伞系统分段轨迹参数的最优解时,其快速收敛并表现出了很强的鲁棒性。

(4) 对翼伞系统自主归航时的航迹跟踪控制进行了研究。针对导航系统工作过程中的不足,结合横向轨迹误差法和视线跟踪法,设计了一种基于数据扩充的线性自抗扰控制器,用于翼伞系统的轨迹跟踪控制,仿真结果表明,在该控制器作用下翼伞系统能够很好地跟踪预定轨迹,具有较好的抗干扰能力。

第 2 章　翼伞系统运动特性及风场预测

2.1　引　　言

翼伞具有滑翔、转弯和雀降三个基本运动状态,分别对应着对翼伞系统后缘两侧无下偏操作、单侧下偏操作和双侧同时下偏操作。Mortaloni[76]、熊菁[2]、焦亮[77]等人先后基于翼伞系统六自由度动力学模型对其在无双侧下拉的滑翔状态、单侧下拉时的转弯状态和双侧满下拉雀降时的运行状态做了基础性的仿真分析和研究,在翼伞转弯性能、滑翔性能、减速与雀降等方面得出了许多结论,取得了丰富成果。这些研究结论仅针对翼伞系统在自主归航过程中能够正常工作时而得出的,并未对其在自主归航过程中出现异常情况时的运动特性做出研究和分析,因此,本章将在此基础上进一步对翼伞系统在特殊条件下的运动性能做出研究,为翼伞系统在实际工作环境中的顺利投放提供更接近实际环境的理论支持。

由于翼伞系统并没有配置动力推进系统,对操纵绳施加控制操作时,翼伞系统的横向和纵向飞行速度变化较小;因此,其在自主归航过程中受到归航区域风场的影响就非常明显,降低了其自主归航的精度。现有的许多翼伞系统自主归航方法仅将风场的影响简单归结为轨迹跟踪误差,利用控制器矫正或者将风场的影响进行理想化,基于理想风场信息研究自主归航系统。前者低估了风场的影响能力,高估了控制器的能力;后者与前者相比更接近实际,但理想风场并不等同实际环境中变化无常的风场。国内外研究人员对得到实际风场的措施进行了研究。例如,我国北京空间机电研究所的伍科[78],利用测速数据及位置信息对翼伞系统所处环境的风场信息进行了研究,但测速传感器的安装在翼伞系统上并不像安装在飞机等其他飞行器上那么简单;美国乔治亚理工学院宇航学院的 Herrmann[69]利用基于地面的激光雷达系统对翼伞系统着陆点附近的风场进行离散采样,获得风廓数据,并将风廓数据实时传送给翼伞自主归航系统来调整其飞行状态,这种方法能够准确测量出着陆点及其周围的风场信息,提高了翼伞系统的归航精度,但该测量风场方法实现起来相对麻烦,且不适宜用在地面激光雷达设置受限的地方,降低了翼伞系统自主归航的"自主"性。

在风场环境中飞行的翼伞系统,能够实现在线辨识风场信息,甚至能够准确预测出不同高度上的风场信息,是翼伞系统精确自主归航的前提。本章结合翼伞系统飞行特点和大气风场建模,提出了一种适用于翼伞系统的在线风场辨识-预测模型,并仿真验证了该模型的可行性,为进一步研究翼伞系统飞行环境风场的预测抛砖引玉。

2.2　翼伞系统运动特性分析

2.2.1　翼伞系统运动模型

翼伞伞体由特殊纺织材料加工制成,当投放物资的飞机飞到预定空域时,将搭载重物的翼伞从机舱中弹出,翼伞在重物的牵引下展开,向地面缓慢降落,其降落过程受风、温度等因素的影响,为了更好地研究其整体的运动状态,包括它的飞行轨迹、飞行状态等,需要像研究其他飞行器的运动状态一样建立系统的运动方程(模型)。下面建立翼伞系统的六自由度运动模型[77]。

1. 基本假设条件

为了方便推导和建立翼伞系统的六自由度动力学模型,约定如下:
(1) 设翼伞充满气后,其形状固定且展向对称。
(2) 空投物体与翼伞的连接假设为刚性连接,即将空投物体和翼伞作为一个整体看待。

（3）假设伞衣的压力中心位于弦向距前沿的四分之一位置，且与其质心位置相重合。

（4）设空投物体所受的阻力远远大于其所受浮力。

（5）假设地面为平面大地。

2. 翼伞系统六自由度运行模型

建立翼伞系统六自由度动力学模型，首先应该建立系统的坐标系，为此这里建立了翼伞系统的体坐标系和惯性坐标系（大地坐标系），坐标系的建立如图2.1所示。

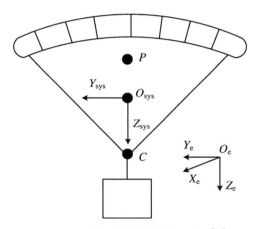

图 2.1　翼伞系统基本坐标示意图[77]

图 2.1 中，坐标系 $O_{sys}X_{sys}Y_{sys}Z_{sys}$ 为翼伞空投系的体坐标系，坐标原点位于翼伞系统的质心处，用 O_{sys} 表示，翼伞系统的几何对称平面为 $O_{sys}X_{sys}Z_{sys}$，三个坐标轴构成右手坐标系，坐标轴 $O_{sys}X_{sys}$ 指向翼伞的前缘，$O_{sys}Z_{sys}$ 指向空投物体的质心。$O_{e}X_{e}Y_{e}Z_{e}$ 构成了翼伞系统的惯性坐标系（大地坐标系），坐标轴做如下定义：$O_{e}Z_{e}$ 轴指向大地面，并与大地平面保持垂直，坐标轴 $O_{e}X_{e}$ 指向翼伞系统初始运动的方向，坐标轴 $O_{e}Z_{e}$ 与 $O_{e}X_{e}$ 垂直，平面 $O_{e}X_{e}Y_{e}$ 平行于大地平面。点 C 和点 P 是翼伞系统的汇交点和俯仰中心。两个坐标系可以相互转换，它们的相互关系为

$$\begin{pmatrix} \dot{x} \\ \dot{y} \\ \dot{z} \end{pmatrix} = \boldsymbol{R}_{\mathrm{csys}}^{\mathrm{T}} \begin{pmatrix} v_x \\ v_y \\ v_z \end{pmatrix} \tag{2.1}$$

式中，$\boldsymbol{R}_{\mathrm{csys}}$ 为惯性坐标系到翼伞系统体坐标系的转换矩阵，v_x，v_y，v_z 为翼伞系统在体坐标系下 x，y，z 方向上的飞行速度。x，y，z 为翼伞系统在惯性坐标系下的位置。转换矩阵 $\boldsymbol{R}_{\mathrm{csys}}$ 由翼伞系统的滚转角 ζ、俯仰角 θ 和偏航角 ψ 三个欧拉角来确定，如式(2.2)所示

$$\boldsymbol{R}_{\mathrm{csys}} = \begin{bmatrix} c_{\theta}c_{\psi} & c_{\theta}s_{\psi} & -s_{\theta} \\ s_{\zeta}s_{\theta}c_{\psi} - c_{\zeta}s_{\psi} & s_{\zeta}s_{\theta}s_{\psi} + c_{\zeta}c_{\psi} & s_{\zeta}c_{\theta} \\ c_{\zeta}s_{\theta}c_{\psi} + s_{\zeta}s_{\psi} & c_{\zeta}s_{\theta}s_{\psi} - s_{\zeta}c_{\psi} & c_{\zeta}c_{\theta} \end{bmatrix} \tag{2.2}$$

式中，s_{σ} 代表 $\sin \sigma$，c_{σ} 代表 $\cos \sigma$，σ 为任意角，翼伞系统三个欧拉角的变化速度与翼伞系统在体坐标系下的角速度具有式(2.3)所示关系，其中，t_{σ} 代表 $\tan \sigma$，w_x，w_y，w_z 分别代表翼伞系统在体坐标系下三个旋转方向的角速度。

$$\begin{pmatrix} \dot{\zeta} \\ \dot{\theta} \\ \dot{\psi} \end{pmatrix} = \begin{bmatrix} 1 & s_{\zeta}t_{\theta} & c_{\zeta}t_{\theta} \\ 0 & c_{\zeta} & -s_{\zeta} \\ 0 & s_{\zeta}c_{\theta}^{-1} & c_{\zeta}c_{\theta}^{-1} \end{bmatrix} \begin{pmatrix} w_x \\ w_y \\ w_z \end{pmatrix} \tag{2.3}$$

最终，翼伞系统的六自由度动力学模型可以由式(2.4)表示。

$$\begin{pmatrix} \dot{v}_x \\ \dot{v}_y \\ \dot{v}_z \\ \dot{w}_x \\ \dot{w}_y \\ \dot{w}_z \end{pmatrix} = \begin{bmatrix} \boldsymbol{A}_{11} & \boldsymbol{A}_{12} \\ \boldsymbol{A}_{21} & \boldsymbol{A}_{22} \end{bmatrix}^{-1} \begin{pmatrix} \boldsymbol{F} \\ \boldsymbol{M} \end{pmatrix} \tag{2.4}$$

$\boldsymbol{A}_{11}$，$\boldsymbol{A}_{12}$，$\boldsymbol{A}_{21}$ 和 $\boldsymbol{A}_{22}$ 组成式(2.4)的系数矩阵，且耦合项 $\boldsymbol{A}_{12} = -\boldsymbol{A}_{21}^{\mathrm{T}}$，$\boldsymbol{A}_{11}$ 代表真实质量与附加质量，$\boldsymbol{A}_{22}$ 代表真实的转动惯量和附加转动惯量，取值由式(2.5)确定。

$$\begin{aligned} \boldsymbol{A}_{11} &= m_{\mathrm{sys}}\boldsymbol{I}_{3\times3} + \boldsymbol{M}_a \\ \boldsymbol{A}_{22} &= \boldsymbol{I}_{\mathrm{sys}} + \boldsymbol{I}_a - \boldsymbol{L}_{O-P}^{\times}\boldsymbol{M}_a\boldsymbol{L}_{O-P}^{\times} \\ \boldsymbol{A}_{12} &= -\boldsymbol{A}_{21}^{\mathrm{T}} = -\boldsymbol{M}_a\boldsymbol{L}_{O-P}^{\times} \end{aligned} \tag{2.5}$$

式中，m_{sys} 为翼伞系统伞衣质量、伞绳质量、吊带质量、空投物体质量的总和（翼

伞系统质量)。$I_{3\times3}$ 为三乘以三的单位矩阵。M_a 为翼伞系统的附加质量矩阵,由式(2.6)确定。I_{sys} 和 I_a 分别为翼伞系统的真实转动惯量和附加转动惯量的三乘以三矩阵,分别由式(2.7)和式(2.8)确定。$L_{O-P}^{\times}$ 为旋转矩阵,其表示形式见式(2.9),图 2.2 为翼伞侧视图。

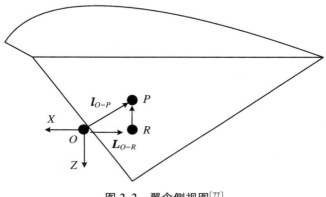

图 2.2　翼伞侧视图[77]

图 2.2 中,点 O,P,R 和 C 表示翼伞系统的 4 个中心,点 P 和点 R 分别表示翼伞系统的俯仰和滚转中心,且与汇交点 C 共线,点 O(即图 2.1 中的点 O_{sys})表示翼伞系统的体坐标系下的原点,$l_{O-P} = (x_{O-P}, y_{O-P}, z_{O-P})^{\mathrm{T}}$ 表示翼伞系统的质量中心至其附加质量中心的矢量。

$$M_a = \begin{pmatrix} M_{a,11} & 0 & 0 \\ 0 & M_{a,22} & 0 \\ 0 & 0 & M_{a,33} \end{pmatrix} \tag{2.6}$$

$$I_{sys} = \begin{pmatrix} I_{sys,11} & 0 & I_{sys,13} \\ 0 & I_{sys,22} & 0 \\ I_{sys,31} & 0 & I_{sys,33} \end{pmatrix} \tag{2.7}$$

$$I_a = \begin{pmatrix} I_{a,11} & 0 & 0 \\ 0 & I_{a,22} & 0 \\ 0 & 0 & I_{a,33} \end{pmatrix} \tag{2.8}$$

$$L_{O-P}^{\times} = \begin{pmatrix} 0 & -z_{O-P} & y_{O-P} \\ z_{O-P} & 0 & -x_{O-P} \\ -y_{O-P} & x_{O-P} & 0 \end{pmatrix} \tag{2.9}$$

式(2.4)中的点 $\boldsymbol{F}$ 和点 $\boldsymbol{M}$ 分别表示作用在翼伞系统上力和力矩的总和,可以分别表示为式(2.10)和式(2.11)形式。

$$\boldsymbol{F} = \boldsymbol{F}_g + \boldsymbol{F}_{\text{areo}} + \boldsymbol{F}_{m,\text{extr}} + \boldsymbol{F}_{a,\text{extr}} \tag{2.10}$$

$$\boldsymbol{M} = \boldsymbol{M}_{\text{areo}} + \boldsymbol{M}_{m,\text{extr}} + \boldsymbol{M}_{a,\text{extr}} \tag{2.11}$$

式(2.10)中 $\boldsymbol{F}_g$ 为翼伞系统的重力矩阵,计算方法如式(2.12)所示(其中, g_n 为重力加速度), $\boldsymbol{F}_{\text{areo}}$ 表示翼伞系统的气动力,为空投物体所受气动力 $\boldsymbol{F}_{\text{areo},w}$ 和翼伞所受气动力 $\boldsymbol{F}_{\text{areo},P}$ 之和。式(2.11)中 $\boldsymbol{M}_{\text{areo}}$ 表示翼伞系统的气动力矩,为空投物体所受气动力矩 $\boldsymbol{M}_{\text{areo},w}$ 和翼伞所受气动力矩 $\boldsymbol{M}_{\text{areo},P}$ 之和。为方便计算出 $\boldsymbol{F}_{\text{areo},P}$ 及 $\boldsymbol{M}_{\text{areo},P}$,这里将翼伞按展向平均分成八片,单独计算每片伞衣上所受的气动力和力矩,最后求和,得出总的气动力和力矩,分片后,每片上所受的气动力如式(2.13)和式(2.14)所示

$$\boldsymbol{F}_g = \boldsymbol{R}_{\text{esys}} \begin{bmatrix} 0 \\ 0 \\ m_{\text{sys}} g_n \end{bmatrix} \tag{2.12}$$

$$\boldsymbol{F}_{L_i} = k_i C_{L_i} (0.5 p_h S_{P_i} \sqrt{u_x^2 + u_z^2}) \begin{bmatrix} u_z \\ 0 \\ -u_x \end{bmatrix} \tag{2.13}$$

$$\boldsymbol{F}_{D_i} = -C_{D_i} (0.5 p_h S_{P_i} \sqrt{u_x^2 + u_y^2 + u_z^2}) \begin{bmatrix} u_x \\ u_y \\ u_z \end{bmatrix} \tag{2.14}$$

式(2.13)和式(2.14)中, $\boldsymbol{F}_{L_i}$ 和 $\boldsymbol{F}_{D_i}$ 分别代表第 i 片上所受的升力和阻力, S_{P_i} 为该片的面积, k_i 为乘积因子, C_{L_i} 和 C_{D_i} 为各片的升力和阻力系数, $(u_x, u_y, u_z)^{\text{T}}$ 代表各片在其自身所在体坐标系下的速度向量,与惯性坐标系下速度分量存在以下关系, $\boldsymbol{W}_{\text{ind}}$ 代表风矢量

$$\begin{bmatrix} u_x \\ u_y \\ u_z \end{bmatrix} = \begin{bmatrix} v_x \\ v_y \\ v_z \end{bmatrix} - \boldsymbol{R}_{\text{esys}} \boldsymbol{W}_{\text{ind}} \tag{2.15}$$

从而进一步推算出翼伞所受的气动力 $\boldsymbol{F}_{\text{areo},P}$ 和力矩 $\boldsymbol{M}_{\text{areo},P}$:

$$\boldsymbol{F}_{\text{areo},P} = \sum_{i=1}^{n} \boldsymbol{R}_{i-o} (\boldsymbol{F}_{L_i} + \boldsymbol{F}_{D_i}) \tag{2.16}$$

$$\boldsymbol{M}_{\text{areo},P} = \sum_{i=1}^{n} \boldsymbol{L}_{O-i}^{\times} \boldsymbol{R}_{i-o} (\boldsymbol{F}_{L_i} + \boldsymbol{F}_{D_i}) \tag{2.17}$$

式(2.16)通过各伞体自身的体坐标系到翼伞系统坐标系的转换矩阵 $\boldsymbol{R}_{i-o}$,将各分片上的气动力分量变换到翼伞系统体坐标系下,式(2.17)中的旋转矩阵 $\boldsymbol{L}_{O-i}^{\times}$的矩阵定义与式(2.9)相同,类似于 $\boldsymbol{L}_{O-P}$, $\boldsymbol{L}_{O-i} = (x_{O-i}, y_{O-i}, z_{O-i})^{\mathrm{T}}$ 为翼伞系统的质量中心到各个分片自身质量中心点的矢量。

同理,可以推出翼伞系统上搭载的空投物体所受气动力 $\boldsymbol{F}_{\mathrm{areo}, w}$ 和气动力矩 $\boldsymbol{M}_{\mathrm{areo}, w}$:

$$\boldsymbol{F}_{\mathrm{areo}, W} = -C_{D_W}(0.5 p_h S_W \sqrt{u_x^2 + u_y^2 + u_z^2}) \begin{bmatrix} u_x \\ u_y \\ u_z \end{bmatrix} \tag{2.18}$$

$$\boldsymbol{M}_{\mathrm{areo}, W} = \boldsymbol{L}_{O-W}^{\times} \boldsymbol{F}_{\mathrm{areo}, W} \tag{2.19}$$

此外,式(2.10)及式(2.11)中的其他量可以通过式(2.20)~式(2.25)求得。

$$\boldsymbol{F}_{m, \mathrm{extr}} = -m_{\mathrm{sys}} S_w^{\times} \begin{bmatrix} v_x \\ v_y \\ v_z \end{bmatrix} \tag{2.20}$$

$$\boldsymbol{M}_{m, \mathrm{extr}} = -S_w^{\times} \boldsymbol{I}_{\mathrm{sys}} w \tag{2.21}$$

$$\boldsymbol{F}_{a, \mathrm{extr}} = -S_w^{\times} \boldsymbol{M}_a \left[\begin{bmatrix} v_x \\ v_y \\ v_z \end{bmatrix} - \boldsymbol{L}_{O-P}^{\times} \begin{bmatrix} w_x \\ w_y \\ w_z \end{bmatrix} \right] \tag{2.22}$$

$$\boldsymbol{M}_{a, \mathrm{extr}} = \boldsymbol{M}_{am, \mathrm{extr}} + \boldsymbol{M}_{aI, \mathrm{extr}} \tag{2.23}$$

$$\boldsymbol{M}_{am, \mathrm{extr}} = S_v^{\times} \boldsymbol{M}_a \boldsymbol{L}_{O-P}^{\times} \begin{bmatrix} w_x \\ w_y \\ w_z \end{bmatrix} + S_w^{\times} \boldsymbol{L}_{O-P}^{\times \mathrm{T}} \boldsymbol{M}_a \begin{bmatrix} v_x \\ v_y \\ v_z \end{bmatrix} \tag{2.24}$$

$$\boldsymbol{M}_{aI, \mathrm{extr}} = -S_w^{\times} \boldsymbol{I}_a \begin{bmatrix} w_x \\ w_y \\ w_z \end{bmatrix} \tag{2.25}$$

翼伞系统的升力系数 C_{L_i} 和阻力系数 C_{D_i} 受翼伞后缘左右两边伞绳的下拉程度(下偏量)影响,与下偏角有关。因此,通过改变翼伞系统的下偏角来改变翼伞系统的升力系数和阻力系数,进而改变翼伞系统整体所受的气动力和气动力矩,最终影响翼伞系统的运行轨迹。

2.2.2　参数及条件设定

为研究翼伞系统特殊条件下的运动特性,本书对其进行数值仿真分析,这里以 80 kg 的空投物体及我国翼伞生产单位提供的相关参数选取翼伞伞型,翼伞各项参数的具体取值见表 2.1,翼伞系统的运动模型采用本章 2.1.2 小节中建立的六自由度运动模型,在初始条件下,翼伞系统的惯性坐标系与体坐标系重合,运动模型中其他参数初始设定如下:

(1) 初始速度:$(v_x, v_y, v_z)_0^T = (16, 0, 2)^T$;

(2) 初始欧拉角度:$(\zeta, \theta, \psi)_0^T = (0, 0, 0)^T$;

(3) 初始角速度:$(w_x, w_y, w_z)_0^T = (0, 0, 0)^T$。

表 2.1　伞型及空投物体基本参数

参数名称	取值
展弦长比值	1.73
翼伞伞衣面积	22 m²
伞绳长度	3.7 m
安装角度	7°
吊带长度	0.5 m
空投物体质量	80 kg
空投物体阻力特征面积	0.5 m²

2.2.3　横向风对翼伞系统的影响

1. 自由滑翔条件下的影响

当翼伞系统的左右均加入 0 下偏量且不加入其他扰动,对翼伞系统运行轨迹进行数值仿真,仿真总的运行时间设为 125 s,仿真结果如图 2.3 中横向风为 (0,0) 时所对应的轨迹线。

　　可以看出横向风为(0,0)时,即翼伞系统不受风影响时,其所对应的轨迹是一条沿初始运动方向飞行的直线。

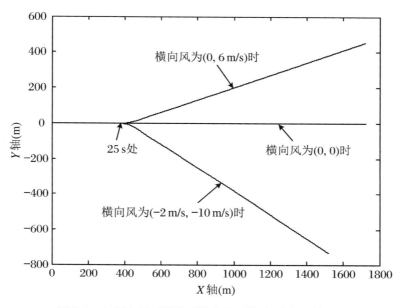

图 2.3　加侧向风时翼伞系统水平面位移(未加下偏量)

　　当左右均加入 0 下偏量,并设在 $t=25$ s 时,向翼伞系统分别加入常值为(0,6 m/s)和(-2 m/s, -10 m/s)的横向风,各次仿真总运行时间仍设为 125 s,观察翼伞系统运行轨迹,仿真结果如图 2.3 对应轨迹。可以看出,在所加横向风场的影响下,翼伞系统不再沿着无风条件下的轨迹运行,而是随着所加风场产生了相应的"漂移",其漂移速度和方向与所加风场有关。

2. 施加控制条件下的影响

　　设起始时刻不对翼伞控制系统右侧施加下偏量,直至 $t=37.5$ s 时(也可以设置为他值)向右侧施加 25% 的下偏量,左侧下偏量保持为 0,总的仿真时间设为 125 s,观测翼伞系统运行轨迹,仿真结果如图 2.4 中"无横向风"所对应轨迹线。翼伞系统开始先沿着直线飞行,在施加了右侧的下偏量后,开始转弯飞行,飞行轨迹形成一个圆,圆的半径称为转弯半径,施加的单侧下偏量越大,转弯半径就越大。相同条件下,若同时在 $t=25$ s 时给翼伞系统加入(3 m/s,0)的侧向风,翼伞系统的运行轨迹就变成图 2.4 中"加入横向风"所对应的轨迹线,即在侧向风的影响下翼伞系统同样偏离了原有飞行轨迹,轨迹线随风往右产生了漂移。

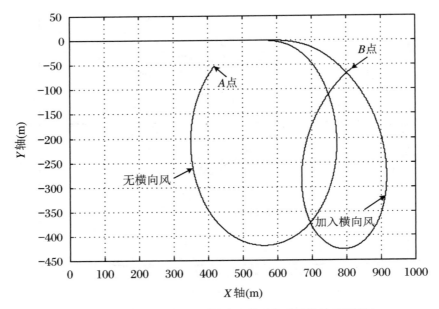

图 2.4　加侧向风时翼伞系统水平面位移(右侧加入下偏量)

　　从上述两种仿真结果来看,翼伞系统在飞行过程中受外部风场影响较大,且运行轨迹漂移的大小和方向与所加的风场有关,因此我们可以利用翼伞系统运行轨迹的变化情况来判别风场信息。例如,在图 2.4 中,若已知 A 点和 B 点的位置,且知道从加入风场到仿真结束所用的时间为 100 s,这样就通过两点的位置之差除以 100 s 的时间长度就可以得出外部的风场信息。关于风场的辨识,将在本章第 4 节中详细介绍。本小节的仿真结果也同时证明了研究翼伞系统所在风场的必要性和实际意义。

2.2.4　双侧等量控制运动特性分析

　　双侧等量控制即在翼伞左右两侧同时加入相同的下偏量。通过分别加入不同的等量控制信号来分析在这种操控条件下,翼伞系统运动参数的变化情况,了解其运动特性。设在 $t = 37.5\,\mathrm{s}$ 时,分别向翼伞系统加入 $\delta_a = 0, \delta_a = 30\%$ 和 $\delta_a = 70\%$ 的双侧等量控制信号,δ_a 代表双侧等量下拉百分比(双侧下偏量与所允许最大下偏量的百分比),仿真总时间为 $125\,\mathrm{s}$。

图 2.5 为双侧等量下拉百分比分别 $\delta_a = 0, \delta_a = 30\%$ 和 $\delta_a = 70\%$ 时的水平面运动轨迹,从图中可以看出,三条运行轨迹重合在一起,都是向着初始运动方向沿直线飞行,这是由于左右施加了相同的控制量,翼伞系统左右两侧的阻力和升力同时变化,且变化量相等,虽然施加的控制量大小不同,但并不改变翼伞系统的运动方向。

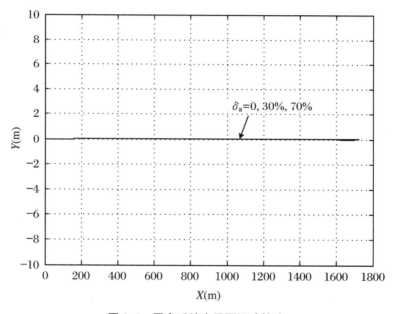

图 2.5　翼伞系统水平面运动轨迹

图 2.6 是加入三种不同双侧等量控制信号时,翼伞系统在惯性坐标系下的运行速度的变化情况,其中,上面三条线反映的是翼伞系统水平面合速度的大小变化情况,下面三条代表垂直下降的速度。从图 2.6 中可以看出,在 $t = 37.5\,\mathrm{s}$ 处,向翼伞系统加入左、右控制量时,其平面合速度与垂直速度都出现了不同的波动,然后逐渐恢复到稳态,且稳定后的平面合速度随着下拉百分比 δ_a 的增大而减小,这是因为翼伞伞衣后缘被拉下的程度越大,其前进时所受的阻力就越大,导致平面合速度下降得也就越明显,与此同时,在垂直方向所受的阻力就越

小,下降的速度也就越快。

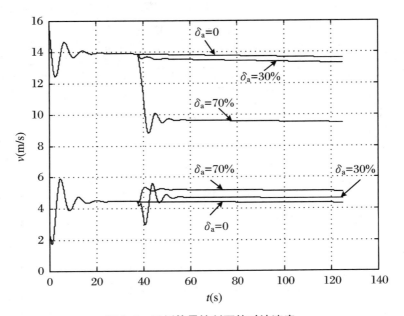

图 2.6 双侧等量控制下的对地速度

虽然图 2.5 中三条运行轨迹重合在一起,它们的水平运动方向也一致,但并不意味着它们的运动轨迹完全一样,在相同的时间内,水平合速度越大时,翼伞系统所飞行的距离就越远,在仿真结束的 125 s 时刻,下拉百分比 $\delta_a = 0\%$ 时的终点坐标位于 $(0, 1725\ \text{m})$ 处,下拉百分比 $\delta_a = 30\%$ 时的终点坐标位于 $(0, 1699\ \text{m})$ 处,而下拉百分比 $\delta_a = 70\%$ 时的终点坐标位于 $(0, 1368\ \text{m})$ 处。

图 2.7 是翼伞系统飞行过程中三个欧拉角的变化趋势,它们反映了翼伞系统的飞行姿态,在 $t = 37.5\ \text{s}$ 处,向翼伞系统分别施加不同的双侧等量控制输入时,翼伞系统的俯仰角 θ 随着下拉比值的增大,其稳态数值在减小,但波动幅度并不大,而滚转角 ζ 无论施加的双侧等量控制量有多大,其值确始终保持为 0,意味着翼伞系统飞行稳定。由于左右两侧下偏量相同,翼伞系统沿初始方向直线飞行;因此,其航向角 ψ 始终保持为 0,与下偏量大小无关。

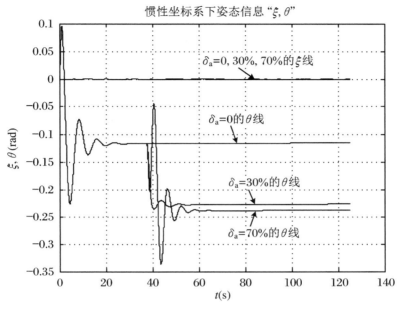

图 2.7　翼伞系统的姿态信息

2.2.5　双侧差量控制运动特性分析

对于翼伞系统来说,它正常工作的基本状态主要是双侧无下拉时的滑翔运动,单侧下拉时的转弯运动和双侧满下拉时的雀降操作,但有时实际的工作情况会超出这些正常的操作。双侧差量控制是指分别在翼伞左右两侧同时施加下拉操作但下偏量却不相同的控制,它不同于双侧零下拉、满下拉和单侧下拉。本小节对加入差量控制信号的翼伞系统的运动特性进行仿真分析。设在 $t = 37.5\,\mathrm{s}$ 时,分别向翼伞系统左右施加如表 2.2 所示的控制信号,仿真总时间仍设为 125 s。为方便对比单侧下拉时翼伞系统运动参数的变化情况,分别将左右单侧下拉时的基本信息列入了表 2.2,并设定加入下偏量的时刻和总的仿真时间与双侧差量控制时相同。

表 2.2　双侧差量控制与单侧下拉控制对相关参数的影响

序号	左侧下偏量 δ_{el}（%）	右侧下偏量 δ_{er}（%）	转弯速率（rad/s）	转弯半径（m）
1	20	0	0.04704	293
2	20	5	0.03813	362
3	20	10	0.02739	510
4	20	20	0	0
5	20	40	-0.08373	164
6	20	60	-0.2697	58
7	20	80	-0.8912	23
8	50	0	0.2362	62.5
9	50	10	0.1934	66.5
10	50	20	0.1494	94
11	50	40	0.05418	261
12	50	50	0	0
13	50	60	-0.06295	221.5
14	50	80	-0.498	30
15	50	90	-0.8555	20
16	0	0	0	0
17	5	0	0.00826	1496.5
18	10	0	0.01874	715
19	20	0	0.04705	290
20	40	0	0.1429	98.5
21	50	0	0.2362	60.5
22	60	0	0.6241	26
23	80	0	1.006	15
24	90	0	1.256	13.5
25	0	5	-0.00826	1496.5
26	0	10	-0.01874	715
27	0	20	-0.04705	290
28	0	40	-0.1429	98.5

序号	左侧下偏量 δ_{el}（%）	右侧下偏量 δ_{er}（%）	转弯速率（rad/s）	转弯半径（m）
29	0	50	-0.2362	60.5
30	0	60	-0.6241	26
31	0	80	-1.006	15
32	0	90	-1.256	13.5

表 2.2 反应了不同下偏量输入时,翼伞系统飞行时的转弯速率及转弯半径的变化情况,可以看出,表 2.2 中序号为 17～24 行所对应的转弯速率与序号为 25～32 行中的转弯速率相等,而它们所对应的转弯速率绝对值也相同,只是符号相反(表明左右下拉时的转弯方向相反),且随着单侧下偏量的增加,翼伞系统的转弯速率随之变大,转弯半径随之减小。这是因为充气后完全展开的翼伞伞衣是左右对称的,在翼伞两边分别加入相同单侧下偏量时,对翼伞系统参数的影响也是相同的,只是左右的位置不同而已。

翼伞系统左侧伞绳固定下拉 20%,右侧加入从 0～80% 的下拉控制量(分别对应表 2.2 中第 1～7 行的数据),仿真分析此种差量控制工况下的各种参数的变化趋势,图 2.8 至图 2.11 分别对应该工况下的翼伞系统的平面运行轨迹、平面合速度、垂直速度及姿态角信息的变化情况。

从图 2.8 至图 2.11 中可以看出(图 2.8 至图 2.11 中 1～7 的编号与表 2.2 中的序号 1～7 相对应):

1. 转弯速率及转弯半径变化规律

初始时刻右侧下偏量为 0,翼伞系统向左做转弯飞行,转弯速率为 0.04704 rad/s,所对应的转弯半径为 293 m,随着右侧下偏量的增加,转弯速率在减小,转弯半径随之增加,当右侧下偏量增大到 20%,与左侧固定下偏量相等,翼伞系统的运行轨迹变成直线飞行,此时的转弯速率和转弯半径随之变为 0。随着右侧下偏量的进一步增加,翼伞系统开始做右转弯运动,转弯速率随着下偏量的增加而增大,转弯半径随之减小。

惯性坐标系下翼伞空投系统水平面位置

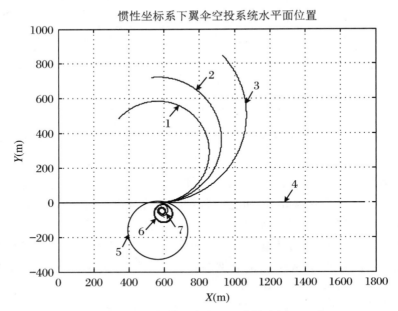

图 2.8　双侧差量控制水平面运动轨迹(δ_{el} = 20)

速度信息

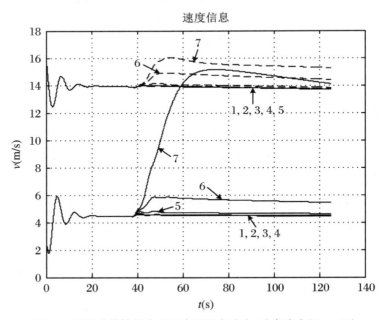

图 2.9　双侧差量控制水平面水平面合速度、垂直速度(δ_{el} = 20)

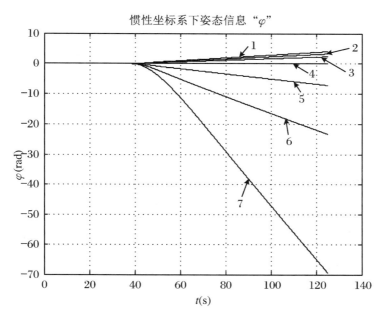

图 2.10　双侧差量控制偏航角信息($\delta_{el} = 20$)

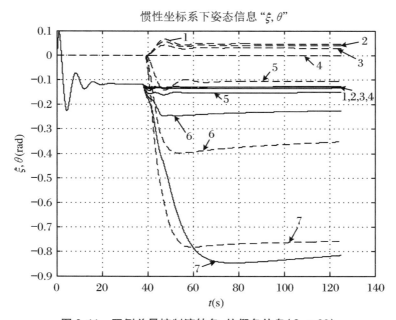

图 2.11　双侧差量控制滚转角、俯仰角信息($\delta_{el} = 20$)

2. 翼伞系统飞行速度变化规律

图 2.9 中虚线(上部 7 条线)表示翼伞系统飞行时的平面合速度,实线(下部 7 条线)为垂直速度。右侧下偏量从 0 增大 20%,即翼伞在做向左转弯运动时,它的平面合速度与垂直速度变化量很小,在 0.2 m/s 范围内;而随着超越 20% 做右转弯飞行时,两个速度变化明显,特别是垂直下降速度;在右侧下偏量从 60% 增大到 80% 时,速度变化量超过 9 m/s,减小了翼伞系统的飞行时间,是一种不利现象。

3. 偏航角变化规律

由于转弯速率在翼伞系统向左做转弯飞行时相对较小,且随右侧下偏量的增加变化并不明显,使得图 2.10 中表征偏航角变化信息的射线斜率及斜率变化量都在比较小的范围内。当右侧下偏量超越 20% 时,翼伞系统的转弯速率明显变大,转弯速率随时间的积分,增大的也就越明显,即偏航角射线的斜率也就越大。

4. 滚转角及俯仰角变化规律

图 2.11 中的虚线表示翼伞系统飞行时滚转角的大小,实线表示俯仰角的大小。与速度的变化一样,当左、右下偏量刚加入时,角度大小会有个波动阶段,然后逐渐恢复平稳。在翼伞系统向左做转弯飞行时,滚转角随着下偏量的增大而减小,俯仰角随着下偏量负向增大,但两个角度变化都相对稳定,变化幅度并不大,翼伞系统飞行比较平稳。当右侧下偏量增大超过 20% 时,两角变化较明显;特别是当右侧下偏量超过 40% 时,两个角度对下偏量的变化就更加敏感,变化幅度过大不利于翼伞系统的安全飞行。

图 2.12 至图 2.15 显示的是翼伞系统左侧伞绳固定下拉 50%,右侧加入从 0~90% 的下拉控制量(分别对应表 2.2 中第 8~15 行的数据),仿真得出的翼伞系统的平面运行轨迹、平面合速度、垂直速度及姿态角信息的变化情况(图 2.12 至图 2.15 中 8~15 的编号与表 2.2 中的序号 8~15 相对应),对比左侧伞绳固定下拉 20%,右侧加入从 0~80% 的下拉控制量时的仿真结果,可以看出:

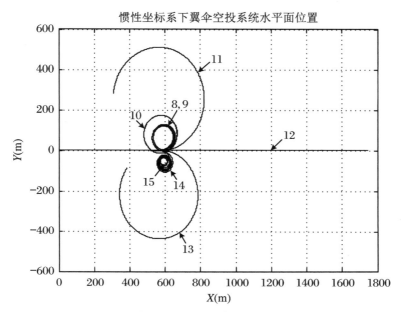

图 2.12　双侧差量控制水平面运动轨迹（δ_{el} = 50）

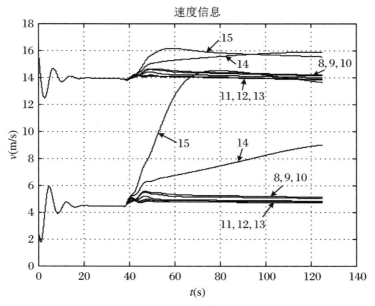

图 2.13　双侧差量控制水平面合速度、垂直速度（δ_{el} = 50）

惯性坐标系下姿态信息 "φ"

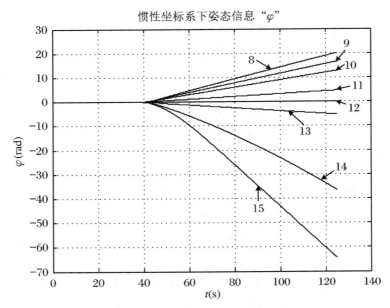

图 2.14　双侧差量控制偏航角信息（$\delta_{el} = 50$）

惯性坐标系下姿态信息 "ξ, θ"

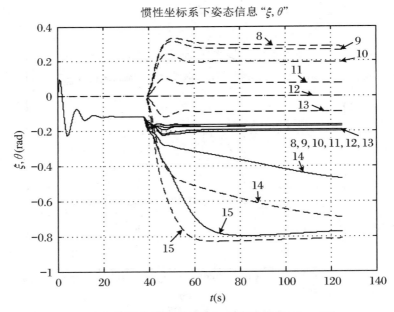

图 2.15　双侧差量控制滚转角、俯仰角信息（$\delta_{el} = 50$）

（1）转弯速率、转弯半径及运行轨迹的异同

① 相同情况

翼伞系统向左做转弯飞行时，随着右侧下偏量的增加转弯速率在减小，转弯半径随之增加，当右侧下偏量增大到与左侧固定下偏量相等时，翼伞系统的运行轨迹变成直线飞行，转弯速率和转弯半径随之变为 0。随着右侧下偏量的进一步增加，翼伞系统开始做右转弯运动，转弯速率随着下偏量的增加而增大，转弯半径随之减小。

② 不同情况

翼伞系统左侧加入 20% 的固定下拉控制量时，系统沿直线飞行的基准控制量（使得翼伞系统能够沿直线飞行且左右两侧相等时的下偏量，翼伞系统正常飞行时，左右两侧的控制量范围都是 0～100%，左右两侧下拉百分比的基准值是 0）为 20%，向左做转弯飞行时所对应的最大转弯速率为 0.04704 rad/m，最小转弯半径为 293 m，能够使系统保持左转弯飞行的右侧控制量的绝对值为 20%（20%～0），保持右转弯飞行的右侧控制量的绝对值为 80%（20%～100%）。系统左侧加入 50% 的固定下拉控制量时，系统沿直线飞行的基准控制量为 50%，向左做转弯飞行所对应的最大转弯速率为 0.2362 rad/m，最小转弯半径为 62.5 m，能够使系统保持左转弯飞行的右侧控制量的绝对值为 50%（50%～0），保持右转弯飞行的右侧控制量的绝对值为 50%（50%～100%）。

（2）运行速度的异同

① 相同情况

翼伞右侧下偏控制在未达到基准下偏量之前，它的平面合速度与垂直速度变化量很小；当右侧下偏量超过基准下偏量时，随着右侧下拉量的增加，水平面合速度与垂直下降速度变化开始明显，特别是右侧下偏量超越 60% 时，两个速度变化幅度较大。

② 不同情况

系统做左转弯时，左侧固定控制量为 50% 时的水平面合速度要比固定控制量为 20% 时大些，但变化幅度较小，比较稳定。右转弯时，在基准下偏量上多出的绝对控制量相同时，左侧固定控制量为 50% 时的垂直下降速度要比固定控制量为 20% 的速度大许多（如对比图 2.9 和图 2.13 中的第 5 条和第 14 条线），意味着翼伞系统降落到地面的时间更短，对空投构成不利影响。

（3）偏航角变化趋势的异同

① 相同情况

翼伞系统向左做转弯飞行时，随着右侧下偏量的增加，表征偏航角变化信息的射线的斜率逐渐减小，但斜率变化量都在比较小的范围内，转弯速度逐渐变慢，直至右侧下偏量等于左侧下偏量，偏航角射线的斜率变为0值，即翼伞系统沿直线飞行。当右侧下偏量超越基准下偏量时，翼伞系统的转弯速率，随着时间的积分逐渐增大，右侧下偏量越大，变化就越明显。

② 不同情况

图2.10和图2.14表征了表2.2中转弯速率的变化情况，左转弯飞行时，系统固定控制量为20%的转弯速率比固定控制量为50%时要小，致偏航角射线斜率的绝对值也较小；右转弯飞行时，系统固定控制量为20%的转弯速率比固定控制量为50%时要大，致偏航角射线斜率的绝对值也较大。由此可见，翼伞系统做左转弯时，左侧固定控制量为50%时，比固定控制量为20%时的转弯能力要强，对控制量变化较敏感，控制性能较好；相反，右转弯飞行时，左侧固定控制量为20%时要比50%时的控制性能好。

（4）姿态角的异同

① 相同情况

与速度的变化一样，当左、右下偏量刚加入时，滚转角与俯仰角会有个波动，随着时间逐渐平稳。左转弯飞行时，滚转角随着下偏量的增大而减小，俯仰角随着下偏量负向增大，但两个角度变化都相对稳定，翼伞系统飞行比较平稳。当右侧下偏量增大超过基准下偏量时，两角变化较明显，特别是当右侧下偏量超过基准下偏量10%时，两个角度对下偏量的变化就更加敏感。

② 不同情况

无论翼伞系统是做左转弯还是做右转弯飞行，在基准下偏量上多出的绝对控制量相同时，左侧固定控制量为50%时的俯仰角和滚转角都要比固定控制量为20%的值大，但两种情况下的系统在做左转弯飞行时的俯仰角与滚转角变化在一个较小的范围内，因此，左转弯时，系统飞行较稳定。当系统做右转弯飞行，绝对控制量相同时，左侧固定控制量为50%时的俯仰角和滚转角都要比20%时大许多，因此，左侧固定控制量为20%时系统要比50%的飞行更平稳。

综上所述，翼伞系统在双侧差量控制的工况下，其运动特性和受控特点发

生了改变,左右转弯时的转弯速率、转弯半径、姿态稳定性、平面合速度及垂直
速度的变化具有不对称性,发生变化,控制量加载范围影响轨迹左右飞行,整体
操控性能较正常时下降,随着单侧固定下偏量的不同而变化。

2.3　风　场　辨　识

　　本章 2.2 节对无横向风干扰和有横向风干扰两种情况下的翼伞系统飞行
轨迹分别进行了仿真,从仿真的结果可以看出,翼伞系统在横向风的影响下容
易差生位置漂移,因此,在翼伞系统飞行控制中,特别是在对翼伞系统的飞行轨
迹进行规划时应该考虑横向风的影响因素,尽可能减小横向风对翼伞系统的
影响。

　　通常将翼伞系统的飞行过程分为三个阶段,即飞向目标点阶段、盘旋削高
阶段和雀降阶段,影响定点空投精度的因素有很多,其中一个很重要的因素就
是风的影响,在飞向目标点和盘旋削高阶段为了能够实现精确控制,设计的控
制器必须具有很好的抗风扰能力。雀降阶段是实现翼伞系统精确着陆的关键
阶段,实现雀降操作必须使翼伞系统事先准确判断出风场状况。综上所述,翼
伞系统精确着陆,关键在于对当前工作空域风场的有效识别,因此,本节重点研
究翼伞系统飞行过程中对横向平均风的辨识方法。

2.3.1　风场辨识模型

　　无人机等其他飞行器可以通过它们的实际飞行轨迹与理想轨迹之间的位
置关系推算出横向风场信息,或利用测速传感器数据计算出飞行器周围风场信
息。但翼伞系统属于柔性非线性系统,测速传感器安装不像其他结构飞行器那
么容易,所测速度数据精度也容易受翼伞系统姿态波动的影响,且其理想飞行
轨迹推算困难,很难得出翼伞系统周围风场信息;因此,应根据翼伞系统自身飞
行特点设计风场辨识模型。

1. 翼伞系统转弯飞行时的风场辨识公式

将翼伞系统飞行过程中的速度特征画成速度矢量分解图,如图 2.16 所示。

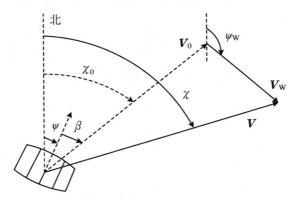

图 2.16　速度矢量分解图[79,80]

图 2.16 中,ψ 代表欧拉偏航角,β 代表侧滑角,V_0 代表翼伞系统相对于空气的速度,即空速,V_W 代表风速,V 代表翼伞系统相对于大地的速度,即地速。从矢量图中不难看出,地速矢量等于风速矢量(风场)与空速矢量的矢量和,本书称其为速度矢量三角形。下面介绍仅通过翼伞系统位置信息辨识平均风的方法。

设翼伞伞绳单侧下拉且下拉幅度保持恒定,翼伞系统处于转弯飞行状态,在此情况下假设空速和风速不变,则根据矢量关系推出

$$\dot{x}_i = V_{w,x} + V_0 \cos(\psi_i)$$
$$\dot{y}_i = V_{w,y} + V_0 \sin(\psi_i) \tag{2.26}$$

$$V_0^2 = (\dot{x}_i - V_{w,x})^2 + (\dot{y}_i - V_{w,Y})^2$$
$$= V_i^2 + V_w^2 - 2(\dot{x}_i V_{w,x} + \dot{y}_i V_{w,Y}) \tag{2.27}$$

成立,其中,x 和 y 分别代表南北及东西方向轴;$\dot{x}_i$ 和 $\dot{y}_i$ 分别代表第 i 时间段翼伞系统的两个速度分量,可由 GPS(或其他卫星定位系统)位置采样信息计算得出;ψ_i 代表第 i 时间段翼伞系统的偏航角;$V_{w,x}$ 和 $V_{w,Y}$ 代表平面风速分量。

由前面假设条件可知,空速和风速恒定,因此,可以由式(2.27)推导出

$$V_0^2 - E(V_0^2) = 0$$
$$= V_i^2 - E(V_i^2) - 2\{[\dot{x}_i - E(\dot{x}_i)]V_{w,x} + [\dot{y}_i - E(\dot{y}_i)]V_{w,Y}\} \tag{2.28}$$

成立。

设

$$E(V_i^2) = \mu_{V2}, \quad E(\dot{x}_i) = \mu_{\dot{x}_i}, \quad E(\dot{y}_i) = \mu_{\dot{y}_i}$$

风矢量的估计过程即演变为求解式(2.29)的线性回归问题,需要指出的是,式(2.29)并非严格意义上的矩阵相乘,仅表示一种能够滚动运算的方程组。

$$\begin{bmatrix} \dot{x}_1 - \mu_{\dot{x}} & \dot{y}_1 - \mu_{\dot{y}} \\ \vdots & \vdots \\ \dot{x}_n - \mu_{\dot{x}} & \dot{y}_n - \mu_{\dot{y}} \end{bmatrix} \begin{Bmatrix} V_{w,x} \\ V_{w,Y} \end{Bmatrix} = \frac{1}{2} \begin{Bmatrix} V_1^2 - \mu_{V2} \\ \vdots \\ V_n^2 - \mu_{V2} \end{Bmatrix} \tag{2.29}$$

式(2.29)即为翼伞系统转弯飞行时的风场辨识公式。当翼伞系统沿着直线飞行时,由 GPS 系统(或北斗卫星定位系统)采样得到位置信息计算出的速度将为固定常量,式(2.29)左侧矩阵将变为零矩阵,风矢量不能正确辨识出,此时得到的辨识结果为噪声。因此,采用式(2.29)辨识风矢量,必须满足翼伞系统工作在转弯飞行状态下的先决条件。

2. 平均风速辨识

翼伞系统的飞行状态可以分为直线飞行和转弯飞行两种情况,为风场辨识方便起见,这里对两种飞行状态下的风场信息分别进行辨识,最后综合得出风场数据,图 2.17 为本书建立的风场辨识模型示意图。

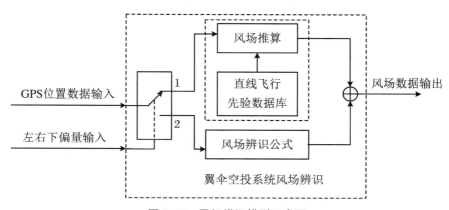

图 2.17　风场辨识模型示意图

风场辨识模型有两路输入两种信号:一路输入 GPS 系统采样得到的位置数据,用于风场预测;另一路输入翼伞系统的左右两侧下偏量信号,用于第一路数据的切换。当翼伞左右下偏量相等时,图 2.17 中的开关切换到 1 处,此时的翼伞系统沿直线飞行,其下偏量所对应的理想飞行速度(不受周围风场影响的翼伞系统飞行速度)可以通过空投实验或数据仿真的形式事先得到,形成先验数据库或将该数据拟合成曲线,通过将理想速度数据与 GPS 采样得出的实际位置数据相结合,即可滚动地推算出翼伞系统的风场信息(翼伞系统对地速度矢量等于风速矢量与翼伞系统理想速度矢量之和)。当翼伞左右下偏量不相等时,图 2.17 中的开关切换到 2 处,此时的翼伞系统转弯飞行,利用式(2.29)所示的风场辨识公式即可滚动计算出风场。通过上述过程,就可以得到翼伞系统周围平面风场的完整数据。

2.3.2　风场辨识仿真验证

为验证风场辨识公式的正确性,对其进行仿真验证。

仿真条件设定

翼伞系统的选型如 2.3.1 节介绍,设翼伞系统的总的飞行时间为 125 s,飞行到 25 s 处加入横向风,飞行到 37.5 s 处加入相应下偏量,对飞行轨迹位置进行采样的时间间隔为 1 s,风场辨识公式抽取时间跨度为 5 s 的横向位置数据进行运算,设定相应风速矢量。为衡量风场辨识公式的辨识精度,设风场相对误差计算方法为

$$相对误差 = \left| \frac{设定风速分量 - 辨识结果}{设定风速分量} \right| \times 100\%$$

表 2.3 为不同下偏量、风场设定值条件下,翼伞系统飞行过程中的风场辨识仿真结果。

由表 2.3 的仿真结果可以看出,设定风速矢量与辨识结果基本一致。因此,利用风速辨识公式对翼伞系统转弯飞行状态下的风场进行辨识的方法切实可行。若对整个转弯飞行过程中的风场进行实时辨识,就要利用风场辨识公式,对 GPS 采样得到的实时横向位置数据(横向轨迹)进行滚动计算,就可以得出沿不同高度上的平均风场信息。

表 2.3 风场辨识仿真结果

序号	下偏量(左,右)	设定风速矢量(m/s)	辨识结果(m/s)	相对误差
1	(10%,0%)	(2.0,4.0)	(2.1510,3.8600)	(7.55%,3.5%)
2	(30%,0%)	(−2.0,−5.0)	(−2.0735,−4.9470)	(3.68%,1.06%)
3	(60%,0%)	(2.0,−4.0)	(1.7385,−4.8084)	(13.07%,20.21%)
4	(0%,20%)	(2.0,4.0)	(2.0150,3.9757)	(0.75%,0.61%)
5	(0%,30%)	(2.0,4.0)	(2.1546,3.7059)	(7.73%,7.35%)
6	(0%,60%)	(2.0,4.0)	(1.7385,4.8084)	(13.08%,20.21%)

图 2.18 和图 2.19 为翼伞系统在 25 s 处加入横向风、37.5 s 处加入下偏量时的前后飞行轨迹(图中轨迹编号对应表 2.3 中的序号)。

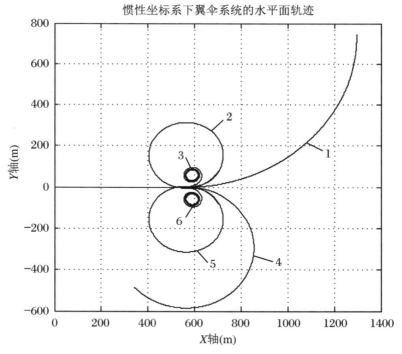

图 2.18 加入横向风前翼伞系统飞行轨迹

不同的下偏量所对应的飞行轨迹各不相同,下偏量越大,其对应的转弯半径就越小,转弯速率越快。各条轨迹在各自所加风场的影响下出现漂移,如图 2.18 中编号为 1 的轨迹在 25 s 处加入(2.0 m/s,4.0 m/s)的横向风后，其轨迹向右上角位置偏移(如图 2.19 中轨迹线 1)。从表 2.3 中的相对误差，特别是设定风速矢量相同的后 3 行相对误差来看，不难发现，随着下偏量的增加，风场矢量辨识公式辨识出来的风场相对误差在增大，这是由于输入风场辨识公式的位置数据信息量相对减少而造成的。随着下偏量的增加，翼伞系统的转弯速率增大，而采样时间间隔却维持不变，这样就使反映翼伞系统飞行轨迹的数据信息相对减少，辨识出的风场结果误差也就增大。因此，为了减小风场辨识误差，在 GPS 采样频率固定的情况下，翼伞系统的转弯速率越小越好。

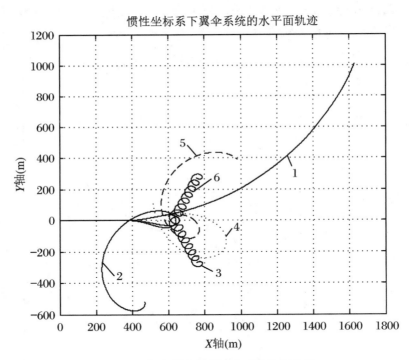

图 2.19　加入横向风后翼伞系统飞行轨迹

2.4　风　场　预　测

2.4.1　大气分层及地转风

1. 大气分层

在不同的高度上,大气对太阳辐射的吸收程度不同,加上地球本身的自转运动,使得大气在纵向方向上产生了不同的层次结构,根据气温的纵向分布特点,从上到下可以将大气层分为自由大气层和大气边界层[81],如图 2.20 所示。

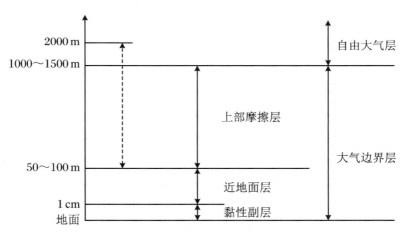

图 2.20　大气分层示意图

可以将大气边界层分为上部摩擦层、近地面层和黏性副层,大气边界层与自由大气层之间的界限并非一严格意义上的高度,它存在一个过渡区域,鉴于翼伞系统的实际空投环境,这里重点考虑高度在 100～2000 m 之间的区域(图 2.20 中虚线所示区域)为与上部摩擦层进行区分,本书称其为广义上部摩擦层。

2. 地转风

根据大气水平运动范围的不同,可以将大气运动系统分为大尺度、中尺度、小尺度和微尺度 4 类,其中大尺度系统的水平范围在几千公里(水平范围 $L = 10^6$ m,垂直尺度 $D = 10^4$ m,水平速度 $U = 10$ m/s,垂直速度 $W < 10^{-1}$ m/s,平均时间尺度 $\tau = 10^5$ s),如大型气旋、大气长波等。

大气运动过程中,其所受的力主要来自 4 个方面:第一,由地球自身旋转产生的科氏力;第二,大气气压在空间上的分布存在差异,从而产生的大气气压梯度力;第三,地球与大气气块之间产生的牛顿万有引力;第四,由于大气分子内部的黏性,产生的德尔黏性摩擦力。大气运动如果是平直的,则由大气运动产生的离心力可以忽略不计,自由大气层由于离地面 1000 m 以上,且大气的大尺度运动也基本上是水平的,所以,地球表面对大气运动的摩擦作用和大气运动产生的离心力可以忽略。这样大气气压梯度力和地球自身旋转产生的科氏力就成为运动大气上所承受的主要作用力。将科氏力与梯度力的平衡称为地转平衡,地转风是在地转平衡条件下产生的水平直线运动。

2.4.2 风场预测模型建立

平均风(速)是风的基准值,是在一定时间内沿高度方向上风速的平均值,其大小随高度变化而变化。由于翼伞系统完全展开一般在 1000～2000 m 范围内,因此,本书重点研究广义上部摩擦层平均风随高度变化的规律。把观察大气运动坐标系固定在绕地轴做圆周运动的地球表面上的坐标系称为旋转坐标系。

大气运动过程中所承受的德尔黏性内摩擦力对运动的加速度影响较小,忽略其影响,联立大气运动方程、大气状态方程、连续方程和热力学方程,可以得下列标准坐标系下大气动力学方程组[81]。

大气运动方程:

$$\begin{cases} \dfrac{\mathrm{d}u}{\mathrm{d}t} = -\dfrac{1}{\rho}\dfrac{\partial p}{\partial x} + 2\Omega v\sin\chi - 2\Omega w\cos\chi \\[2mm] \dfrac{\mathrm{d}v}{\mathrm{d}t} = -\dfrac{1}{\rho}\dfrac{\partial p}{\partial y} - 2\Omega u\sin\chi \\[2mm] \dfrac{\mathrm{d}w}{\mathrm{d}t} = -\dfrac{1}{\rho}\dfrac{\partial p}{\partial z} - g + 2\Omega wu\cos\chi \end{cases} \tag{2.30}$$

大气状态方程：

$$P = \rho RT \tag{2.31}$$

连续方程：

$$\frac{\mathrm{d}\rho}{\mathrm{d}t} + \rho\,\nabla V = 0 \tag{2.32}$$

热力方程：

$$\frac{\mathrm{d}\zeta}{\mathrm{d}t} = F_\zeta \tag{2.33}$$

式(2.30)～式(2.33)中，u 和 v 代表对面风速的两个分量，w 代表"z"坐标下的垂直速度的分量，V 代表三维风速矢量，x 代表"x"方向的水平坐标，y 代表"y"方向的水平坐标，z 代表"z"方向的垂直坐标，ρ 代表空气密度，T 代表温度，ζ 代表位温，Ω 代表旋转角速度(针对地球，$\Omega = 15°/\mathrm{s} = 7.29 \times 10^{-5}\ \mathrm{rad/s}$)，$\chi$ 代表纬度，$f = 2\Omega\sin\chi$ 代表科氏参数(也可以称为地转参数)。

对于大尺度的大气运动系统，大气运动过程中的垂直速度远远小于水平速度，且所产生的惯性力远小于产生的科氏力；因此，可以将方程中的垂直速度和惯性力两项略去(仅考虑水平面分量)，可得

$$\begin{cases} -\dfrac{1}{\rho}\dfrac{\partial p}{\partial x} + 2\Omega v\sin\chi = 0 \\[2mm] -\dfrac{1}{\rho}\dfrac{\partial p}{\partial y} - 2\Omega u\sin\chi = 0 \end{cases} \tag{2.34}$$

由式(2.34)可以看出，大气运动在大尺度运动条件下达到了地转平衡状态，即科氏力与气压梯度力处于平衡状态，此时，有式(2.35)成立(将 $f = 2\Omega\sin\chi$ 代入式(2.34))，称其为地转风公式，其中，u_g 和 v_g 代表地转风平面上的两个分量。

$$\begin{cases} u_{\mathrm{g}} = -\dfrac{1}{f\rho}\dfrac{\partial p}{\partial y} \\[2mm] v_{\mathrm{g}} = \dfrac{1}{f\rho}\dfrac{\partial p}{\partial x} \end{cases} \tag{2.35}$$

由地转风公式(2.35)得到的地转风虽然不是实际风,但在除纬度 $\chi < \pm 15$ 之间的区域外的其他区域,地转风与实际风非常近似;因此,在实际求取自由大气层中的风时,可以应用地转风随高度的分布来近似替代实际风随高度的分布。

大气在上部摩擦层运动时,所受的气压梯度力、湍流摩擦力和科氏力相当。因此,三种力都不能略去,在中性大气边界层,这三个力达到平衡,相对于地转平衡,称这种平衡为非地转风平衡,如式(2.36)所示:

$$\begin{cases} -\dfrac{1}{\rho}\dfrac{\partial p}{\partial x} + 2\Omega v \sin\chi + F_x = 0 \\[2mm] -\dfrac{1}{\rho}\dfrac{\partial p}{\partial y} - 2\Omega u \sin\chi + F_y = 0 \end{cases} \tag{2.36}$$

式中的湍流摩擦力的计算公式为

$$\begin{cases} F_x = \dfrac{\partial}{\partial z}\left(K_{\mathrm{m}}\dfrac{\partial u}{\partial z}\right) = K_{\mathrm{m}}\dfrac{\partial^2 u}{\partial z^2} \\[2mm] F_y = \dfrac{\partial}{\partial z}\left(K_{\mathrm{m}}\dfrac{\partial v}{\partial z}\right) = K_{\mathrm{m}}\dfrac{\partial^2 v}{\partial z^2} \end{cases} \tag{2.37}$$

式中, K_{m} 称为湍流黏性系数(为常数),将地转风公式(2.35)代入式(2.36),且假定水平气压场不随高度变化,得水平面平均风分量:

$$\begin{cases} K_{\mathrm{m}}\dfrac{\mathrm{d}^2 \bar{u}}{\mathrm{d}z^2} = -f\bar{v} \\[2mm] K_{\mathrm{m}}\dfrac{\mathrm{d}^2 \bar{v}}{\mathrm{d}z^2} = f\bar{u} - fu_{\mathrm{g}} \end{cases} \tag{2.38}$$

根据边界条件

$$z \to \infty, \quad \bar{u} = u_{\mathrm{g}}, \quad \bar{v} = 0$$
$$z = 0, \quad \bar{u} = 0, \quad \bar{v} = 0$$

对式(2.38)中的常微分方程组求解,得到上部摩擦层的水平面平均风分量表达式(2.39),并用式(2.39)的结果近似代表广义上部摩擦层的平均风分量,

$$\begin{cases} \bar{u} = u_{\mathrm{g}}\left[1 - \mathrm{e}^{-z/\delta}\cos(z/\delta)\right] \\[2mm] \bar{v} = u_{\mathrm{g}}\mathrm{e}^{-z/\delta}\sin(z/\delta) \end{cases} \tag{2.39}$$

式(2.39)即为本节要得到的广义上部摩擦层平均风分量的预测模型,它的合成平均风大小及其偏转角可以表示为式(2.40)形式。

$$\begin{cases} |\bar{u}| = u_{\rm g}\sqrt{1 - 2{\rm e}^{-z/\delta}\cos(z/\delta) + {\rm e}^{-2z/\delta}} \\ \varphi = \arctan{\rm e}^{-z/\delta}\sin(z/\delta)/(1 - {\rm e}^{-z/\delta}\cos(z/\delta)) \end{cases} \tag{2.40}$$

式(2.39)及式(2.40)中, $\bar{u}$ 和 $\bar{v}$ 代表相应高度上的水平面平均风分量, $u_{\rm g}$ 代表地转风的 u 向分量; φ 代表地转风风向与平均风风向之间的夹角, $\delta = \sqrt{2K_{\rm m}/f} = z_{\rm m}/\pi$ 在气象学中被称为埃克曼标高,其中的 $z_{\rm m}$ 为地面边界层近似高度。

2.4.3　翼伞系统的风场预测

1. 翼伞系统风场辨识-预测方法

风场随着高度的不同发生变化,翼伞系统在降落的过程中能实时预测到下一高度上的风场信息,对翼伞系统飞行航迹的精确跟踪控制、合理规划预定轨迹、节约控制能量、最终达到最优着陆具有关键作用。因此,本书给出一种适用于翼伞系统的在线风场预测方法,空投预定高度约 2000 m,其预测过程如图 2.21 所示。

执行空投任务的飞机到达预定空域将翼伞系统投出机舱外(或飞行器回收时翼伞被抛出后),翼伞在载重物体重力的牵引下充气展开,翼伞系统自由缓慢降落,待卫星定位系统锁定卫星,顺利得到位置信息后,就可以启动风场辨识-预测程序,进行风场辨识和预测,具体方法是:不同高度的风场信息可以通过式(2.39)或式(2.40)推算得出,但式中所需的地转风速和埃克曼层标高需要先验实测数据才能得到,预测出的风场信息相对并不可靠。可以通过本章 2.3 节介绍的风场辨识模型,先将当前高度平均风场信息辨识出来,令地面边界层近似高度为 2000 m,计算出埃克曼层标高,然后将它们代入式(2.39)即可求出所需的地转风速。最后,反过来将计算出的埃克曼层标高、地转风速以及待预测风场的高度值代入式(2.39)就可以预测出不同高度上的平均风场信息。

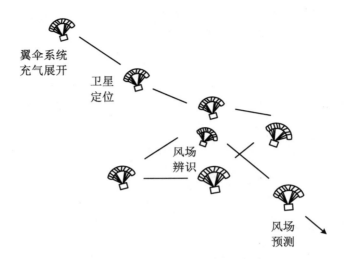

图 2.21 翼伞系统风场预测过程示意图

2. 翼伞系统风场预测实例

图 2.22 显示的是由天津市气象局提供的 2013 年 12 月 2 日北纬 36.0994°，东经 114.9716°上空的实测瞬时风速数据画出的曲线图。图 2.23 显示的是通过广义上部摩擦层平均风分量预测模型预测出的平均风速分量图，采用北纬

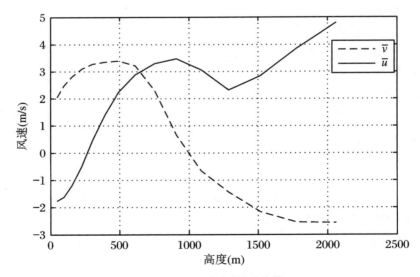

图 2.22 实测瞬时风速分量

$36.0994°$,东经 $114.9716°$第 14 层高度区域,即 1744 m 高度上的实测风速分量数据($u = 2.8361$ m/s, $v = -2.1750$ m/s)计算地转风,计算结果为 $u_g = 2.6581$ m/s。通过对比图 2.22 和图 2.23 可以看出,预测出来的平均风速分量与实测出的数据变化趋势相同。由于实测数据反映的是某一时刻风速的瞬时值,且风速数据沿高度方向分层划分跨度大,两种数据所显示的风速分布曲线不可能完全相同。仿真结果可以看出,利用广义上部摩擦层平均风分量预测模型(式(2.39)或式(2.40))可以有效预测出翼伞系统周围风场数据。

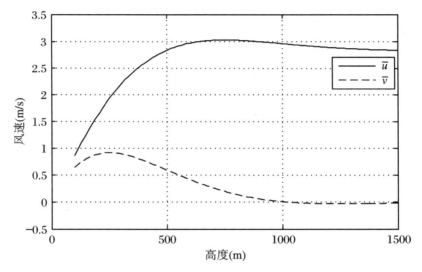

图 2.23　预测出的平均风速分量

2.5　本　章　小　结

　　本章研究了翼伞系统在双侧等量和差量控制工况下的运动特性。首先,建立了翼伞系统的六自由度运动模型。然后,通过数值仿真的形式,对目标系统在等量与差量控制条件下的转弯速率、转弯半径、姿态稳定性、水平面合速度及垂直速度等参数的变化情况做了细致分析和研究,取得了一些成果,为翼伞系统的工程应用提供了更完善的理论支撑。

　　另外,本章对翼伞系统的在线风场辨识与风场预测方法进行了研究。首先,根据受风场影响前后的翼伞系统飞行轨迹的变化特点,建立了风场辨识模型,并通过数值仿真验证了模型的可行性,进一步分析说明了其工作特点和使用方法。利用大气动力学相关理论,建立了广义上部摩擦层的风场预测模型。最后,结合建立的风场辨识模型与广义上部摩擦层风场预测模型,得出了适用于翼伞系统在线进行风场辨识和预测的方法,并对实测风场与预测风场数据进行了仿真,验证了风场预测模型的可行性,为实现翼伞系统的精确归航提供了一种在线辨识和预测风场的方法。

第 3 章 基于伪谱法的翼伞系统 归航轨迹容错设计

3.1 引　言

翼伞系统归航轨迹的规划是指在满足特定约束条件的基础上,寻找一条从初始点到目标点能够满足某些特定性能指标的轨迹,是翼伞系统实现安全、精确归航的关键。翼伞拥有滑翔、转弯、雀降功能,与常规降落伞相比具有良好的可控性、滑翔性和稳定性,克服了传统圆形降落伞随风飘、着陆点散布大的缺点,在航天器回收、物资定点空投、灾难环境下救援等领域具有广泛的应用前景。翼伞系统的研究、开发与应用受到美、俄等国的重视,也越来越受到国内航空航天科技工作者及来自高校、企业等研究机构科研人员的关注。当翼伞系统的控制性能因控制电机或其他控制部件工作异常而发生改变时,翼伞系统在正常工作条件下规划出的轨迹将不再适用于飞行,必须根据翼伞系统新的控制性能和要求重新规划归航轨迹;因此,研究翼伞系统归航轨迹的规划及其容错设计方法对实现翼伞系统的可靠归航具有重要意义。

目前,对翼伞系统归航轨迹规划的研究成果相对较少,对翼伞系统归航轨迹规划过程中的容错设计的文献更是少之又少。国外早期的翼伞系统归航主要采用径向归航法[82],近年来对翼伞系统的归航的研究主要集中在最优控制归航法及分段归航法。相比而言,国内相关的研究起步较晚。求解最优控制问题的数值方法很多,一般分为间接法和直接法[83-86]。相对于间接法,直接法避免了间接法对共轭变量初值进行估计的困难,但传统的直接法在求解轨迹优化问题时计算量大、求解非常困难,且收敛速度也不能令人满意[87],在在线规划应用中受到限制。近几年,具有高求解精度且快收敛速度的 Legendre 伪谱法在飞行器轨迹优化中得到了广泛应用,Banson[88]针对 Legendre 伪谱法存在的不足提出了高斯(Gauss)伪谱法;Huntington[89]对 Gauss 伪谱法和 Legendre 伪谱法进行了仿真比较,验证了 Gauss 伪谱法在求解最优控制问题中具有更高的求解精度和更快的收敛速度,适用于在线求解最优控制问题,为直接求解最优控制问题提供了一个新的有效途径。

　　本章针对 Gauss 伪谱法在翼伞系统归航轨迹优化过程中的应用给予研究介绍,并对故障状态下的翼伞系统归航轨迹的容错设计问题进行了探讨[90-91]。

3.2　高斯伪谱法简介

3.2.1　问题描述

　　设待求解飞行器的最优轨迹问题的 Bolza 性能指标如下:

$$\min J = \Phi(x(t_0), t_0, x(t_f), t_f) + \int_{t_0}^{t_f} G(x(t), u(t), t)\mathrm{d}t \quad (3.1)$$

式中,$u(t)$为要寻找的最优控制,动态约束、边值约束和路径约束分别为

$$\dot{x}(t) = F(x(t), u(t), t), \quad t \in [t_0, t_f] \quad (3.2)$$

$$\Psi(x(t_0), t_0, x(t_f), t_f) = 0 \quad (3.3)$$

$$C(x(t), u(t), t) \leqslant 0 \quad (3.4)$$

式中,t_0 和 t_f 为系统运行的起始时间和终点时间,且 $t_0 \in \mathbf{R}, t_f \in \mathbf{R}, x(t) \in \mathbf{R}^n, u(t) \in \mathbf{R}^m$。

3.2.2　高斯伪谱法

高斯伪谱法的基本思想是,首先将时间连续的状态和控制输入进行离散化;然后,利用 Legendre 插值多项式去逼近实际状态和控制输入,并将微分方程所表示的约束转化成用代数表达式表示的约束形式;最终将最优控制问题转化成代数表达式约束的参数优化问题[92-94]。

1. 高斯积分公式及区间变换

函数 $f(\tau)$ 在区间 $[-1,1]$ 上的积分形式可以写成式(3.5)形式:

$$\int_{-1}^{1} f(\tau)\mathrm{d}t = \sum_{i=1}^{N} w_i \cdot f(\tau_i) + E \tag{3.5}$$

式(3.5)称为高斯积分公式,其中,w_i 和 E 分别代表积分权重和误差余项,τ_i 为 N 阶勒让德多项式的零点,称为高斯点,它们不均匀地分布在区间 $[-1,1]$ 上。w_i 的取值如式(3.6)所示:

$$w_i = \int_{-1}^{1} \prod_{k=1,k\neq i}^{N} \frac{\tau - \tau_k}{\tau_i - \tau_k}\mathrm{d}\tau \tag{3.6}$$

高斯点分布在 $[-1,1]$ 上,因此,求解式(3.1)～式(3.4)所示的最优问题就必须将其时间区间 $t \in [t_0, t_f]$ 转换到 $\tau \in [-1,1]$ 上,可以通过式(3.7)进行变换:

$$\tau = \frac{2t}{t_f - t_0} - \frac{t_f + t_0}{t_f - t_0} \tag{3.7}$$

经过式(3.7)转化后的 τ 就可以替代时间 t,$\tau = -1$,$\tau = 1$ 分别对应 $t = t_0$,$t = t_f$,式(3.1)～式(3.4)也就可以变成式(3.8)～式(3.11)的形式:

$$\min J = \Phi(\boldsymbol{x}(-1), t_0, \boldsymbol{x}(1), t_f) + \frac{t_f - t_0}{2}\int_{-1}^{1} G(\boldsymbol{x}(\tau), \boldsymbol{u}(\tau), \tau; t_0, t_f)\mathrm{d}\tau \tag{3.8}$$

$$\dot{\boldsymbol{x}}(\tau) = \frac{t_f - t_0}{2}\boldsymbol{F}(\boldsymbol{x}(\tau), \boldsymbol{u}(\tau), \tau; t_0, t_f), \quad \tau \in [-1,1] \tag{3.9}$$

$$\boldsymbol{\Psi}(\boldsymbol{x}(-1), \boldsymbol{x}(1); t_0, t_f) = \boldsymbol{0} \tag{3.10}$$

$$\boldsymbol{C}(\boldsymbol{x}(\tau), \boldsymbol{u}(\tau), \tau; t_0, t_f) \leqslant \boldsymbol{0} \tag{3.11}$$

2. 状态与输入控制的逼近

选取 N 个高斯点 $\tau_1, \tau_2, \cdots, \tau_N$ 与点 $\tau_0 = -1$ 构造 Legendre 插值多项式,

对状态进行逼近：

$$x(\tau) \approx X(\tau) = \sum_{i=0}^{N} X(\tau_i) L_i(\tau) \tag{3.12}$$

式中，$x(\tau)$为真实状态，$X(\tau)$代表由 Legendre 插值多项式逼近出的近似状态，$L_i(\tau)$称为节点 Legendre 插值基数。

同理，对控制输入 $u(\tau)$进行逼近：

$$u(\tau) \approx U(\tau) = \sum_{k=1}^{N} U(\tau_k) L_k^*(\tau) \tag{3.13}$$

$$L_i(\tau) = \prod_{N} \frac{\tau - \tau_j}{\tau_i - \tau_j}, \quad i = 0, 1, \cdots, N$$

$$L_k^*(\tau) = \prod_{N} \frac{\tau - \tau_j}{\tau_k - \tau_j}, \quad k = 1, 2, \cdots, N \tag{3.14}$$

对式(3.12)求一阶微分得

$$\dot{x}(\tau) \approx \dot{X}(\tau) = \sum_{i=0}^{N} X(\tau_i) \dot{L}_i(\tau) \tag{3.15}$$

则，式(3.9)的状态约束即可变成式(3.16)的形式，

$$\sum_{i=0}^{N} D_{ki} X(\tau_i) - \frac{t_f - t_0}{2} F(X(\tau_k), U(\tau_k); t_0, t_f) = 0, \quad k = 1, 2, \cdots, N \tag{3.16}$$

式中，D_{ki}为 $N \times (N+1)$维微分近似矩阵，如式(3.17)，其中 $k = 1, 2, \cdots, N, i = 0, 1, \cdots, N$。

$$D_{ki} = \dot{L}_i(\tau_k) = \sum_{l=0}^{N} \frac{\prod\limits_{j=0, j\neq i, l}^{N} \tau_k - \tau_j}{\prod\limits_{j=0, j\neq i}^{N} \tau_i - \tau_j} \tag{3.17}$$

利用高斯求积分公式求取系统终端状态 $X(\tau_f)$

$$X(\tau_f) = X(-1) + \frac{t_f - t_0}{2} \sum_{k=1}^{N} w_k F(X(\tau_k), U(\tau_k), \tau_k; t_0, t_f) \tag{3.18}$$

同理，利用高斯求积分公式对式(3.8)进行逼近，得

$$\min J = \Phi(X(\tau_0), t_0, X(\tau_f), t_f) + \frac{t_f - t_0}{2} \sum_{k=1}^{N} w_k G(X(\tau_k), U(\tau_k), \tau_k; t_0, t_f) \tag{3.19}$$

式(3.10)和式(3.11)分别变为式(3.20)和式(3.21)的形式：

$$\boldsymbol{\Psi}(\boldsymbol{X}(\tau_0), \boldsymbol{X}(\tau_f); t_0, t_f) = \boldsymbol{0} \tag{3.20}$$

$$\boldsymbol{C}(\boldsymbol{X}(\tau_k), \boldsymbol{U}(\tau_k), \tau_k; t_0, t_f) \leqslant \boldsymbol{0} \tag{3.21}$$

通过上述变换,将式(3.8)~式(3.11)表示的优化问题,变成了对式(3.16)~式(3.21)所示的非线性规划(NLP)问题进行求解的问题。

3.3 翼伞系统质点模型

3.3.1 翼伞系统质点模型

翼伞系统的飞行轨迹是通过控制翼伞后缘左右两侧的操纵绳来实现的,包括:双侧下偏量,指翼伞左右两侧操纵绳同时下拉时的下拉程度;单侧下偏量,指仅单侧(左侧或右侧)操纵绳下拉时的下拉程度。随着翼伞单侧下偏量的增大,翼伞系统的滑翔比会变小,滚转角增大,这将导致翼伞系统的抗风性能和稳定性随之下降。为了保证翼伞系统的抗风性能和稳定性,通常将单侧下偏量限定在中小偏量(0~50%)的范围[2]。由第 2 章仿真结果可知,无论是单侧下偏还是双侧下偏,翼伞系统的水平飞行速度和滑翔比在下偏量为中小偏量范围内时变化很小,因此,可以做以下条件假设:

(1) 翼伞系统的垂直下降速度和水平飞行速度保持不变。

(2) 横向(水平)风场已知,并将其对翼伞系统运行轨迹的影响转化到初始点位置的偏移中去。

(3) 翼伞系统对控制输入的响应无延时。

在上述假设条件下,翼伞系统稳定下降过程中可视为一个质点,其在风坐标系下的运动方程可以简化为

$$\begin{cases} \dot{x} = v_s \cos \psi \\ \dot{y} = v_s \sin \psi \\ \dot{\psi} = u \\ \dot{z} = v_z \end{cases} \tag{3.22}$$

式中,x,y,z 表示翼伞系统位置信息,v_s 为翼伞系统水平飞行速度,v_z 为垂直下落速度,ψ 为转弯角,$\dot\psi$ 为转弯角速度,u 为控制量且 u 与操纵绳的单侧下偏量呈对应关系,其取值范围为 $u \in [-u_{\max},u_{\max}]$,$u_{\max}$ 为允许输入的最大控制量,当 u 取负值时表示加在右边电机上的控制量为 $|u|$,翼伞进行右转弯飞行,当 u 取正值时表示加在左边电机上的控制量为 $|u|$,翼伞进行左转弯飞行。

3.3.2　翼伞系统异常状态质点模型

　　翼伞系统飞行时,如果控制电路或电机本身工作发生异常情况,翼伞的控制性能将发生改变,主要分为两种情况:一是控制翼伞操纵绳的左右两个电机同时失去控制,此时翼伞系统将彻底失去控制,只能自由降落;另一种情况是翼伞系统的两个电机只有一个失去控制,另一个仍能正常工作,此时翼伞系统仍具备一定的可控性,但表征翼伞系统运动特性的质点模型将发生变化,不再是式(3.22)的形式,需建立翼伞系统电机异常情况下的质点模型。

　　假设当左侧电机控制量为 Δu 时电机发生故障,$\Delta u \in [0,u_{\max}]$,电机被卡住,左电机失去控制,右侧电机工作正常,由第 2 章仿真结果可知,若将右侧电机也加上绝对值为 Δu 的控制量,左右下偏量达到平衡,在此平衡的基础上,对右侧控制量增大或减小即可实现对翼伞的左右转弯控制。因此,翼伞系统单个电机故障状态下的质点模型可以表示为

$$
\begin{cases}
\dot x = v_s\cos\psi \\
\dot y = v_s\sin\psi \\
\dot\psi = u + \Delta u \\
\dot z = v_z
\end{cases}
\tag{3.23}
$$

其中,x,y,z,v_s,v_z,ψ 和 $\dot\psi$ 意义同式(3.22),u 为正常工作一侧的电机的控制量,Δu 为故障电机被卡住时控制器对其所加的控制量,当左侧电机异常,右侧电机正常工作时,u 和 Δu 的取值范围为

$$
u \in [-u_{\max},0], \quad \Delta u \in [0,u_{\max}]
\tag{3.24}
$$

当右侧电机异常,左侧电机正常工作时,u 和 Δu 的取值范围为

$$
u \in [0,u_{\max}], \quad \Delta u \in [-u_{\max},0]
\tag{3.25}
$$

3.4 翼伞系统归航轨迹优化

3.4.1 约束条件及目标函数

1. 初值条件

设翼伞系统轨迹优化的初始时间为 t_0,初始点状态可以用式(3.26)表示:

$$x(t_0) = x_0, \quad y(t_0) = y_0, \quad z(t_0) = z_0, \quad \psi(t_0) = \psi_0 \quad (3.26)$$

2. 终端约束

设终止时间为 t_f,则 $t_f = \dfrac{z_0 - z_f}{v_z}$,终点状态可以用式(3.27)表示:

$$x(t_f) = x_f, \quad y(t_f) = y_f, \quad z(t_f) = z_f, \quad \psi(t_f) = \psi_f \quad (3.27)$$

到达目标点时要求翼伞系统逆风对准,即翼伞系统的飞行方向与风向相反(实现翼伞系统雀降的条件。雀降因翼伞系统模仿鸟雀降落而得名,当翼伞系统以滑翔状态接近地面时,如果以较快的速度将两操纵绳同时拉下,在很短的时间内翼伞的前进速度和垂直速度将会迅速地减小到极小值(接近零),如果开始操纵的高度选择适当,并且迎风滑翔,可使落地时的速度正好达到最小值,此种操纵便称为雀降或迎风雀降),例如,当目标点附近的风向角度为 ψ_w, ψ_f 应满足条件:

$$\psi(t_f) = (2k + 1)\pi + \psi_w, \quad k \in \mathbf{Z} \quad (3.28)$$

3. 控制约束

$|u| \leqslant u_{max}$(最大控制量 u_{max} 对应翼伞系统的最小转弯半径)。

4. 目标函数

对翼伞系统归航轨迹的优化,即要求翼伞系统达到着陆误差最小且整个飞行过程中的控制能耗最小,可以用式(3.29)和式(3.30)两个目标函数表示:

$$J_1 = \min\left(\left|\int_0^{t_f} u^2 \mathrm{d}t\right|\right) \tag{3.29}$$

$$J_2 = \min\left[(x(t_f) - x_f)^2 + (y(t_f) - y_f)^2\right] \tag{3.30}$$

因此,翼伞系统轨迹规划是一个多目标函数的最优控制问题,为了方便求解最优问题,这里采用加权因子的方法将多目标函数转化为式(3.31)所示的单目标函数。

$$J = f_1 \times J_1 + f_2 \times J_2, \quad f_1 \geqslant 0, \quad f_2 \geqslant 0 \tag{3.31}$$

式中的 f_1, f_2 为加权因子,根据工程实际需要选择。

3.4.2　单电机异常状态约束条件及目标函数

由两个电机分别控制左右操纵绳的翼伞系统,若在飞行过程中发生单个电机故障,翼伞系统本身的控制性能将发生变化,此时翼伞系统工作在正常条件下规划出的轨迹将不再适用于该故障系统,需要在新的条件下重新规划轨迹。翼伞系统工作单电机异常状态下时,其归航轨迹进行重新规划所用的约束条件及目标函数可以基于式(3.23)所示质点模型确定。

1. 初值条件

设翼伞系统 t_s 时刻发生单电机故障,故障条件下,进行轨迹重新规划的初始条件如式(3.32)所示:

$$\begin{cases} x(t_s) = x_s, \quad y(t_s) = y_s, \quad z(t_0) = z_s, \quad \psi(t_0) = \psi_s \\ t_0 \leqslant t_s \leqslant t_f \end{cases} \tag{3.32}$$

2. 终端约束

单电机控制条件下,翼伞系统无法实现雀降功能,因此其终端约束中的逆风对准将失去意义,目标点也将发生变化,由原来的实施雀降点变成着落点,设到达目标点的终止时间为 t_e,则 $t_e = t_s + \dfrac{z_s - z_e}{v_z}$,目标点约束如式(3.33)所示:

$$x(t_e) = x_e, \quad y(t_e) = y_e, \quad z(t_e) = z_e = 0 \tag{3.33}$$

3. 控制约束

当右侧电机异常,左侧电机正常工作时,控制约束可以用式(3.34)表示:

$$0 \leqslant u \leqslant u_{\max} \tag{3.34}$$

当左侧电机异常,右侧电机正常工作时,控制约束可以用式(3.35)表示:

$$-u_{\max} \leqslant u \leqslant 0 \tag{3.35}$$

$u_{\max}$对应最小转弯半径,为允许的最大控制量。

4. 目标函数

翼伞系统在故障情况下轨迹的重新规划中,其主要目的是实现着落误差最小,对总能耗要求较低或不做要求。因此,目标函数用式(3.36)表示:

$$J = \min\{[x(t_{\mathrm{e}}) - x_{\mathrm{e}}]^2 + [y(t_{\mathrm{e}}) - y_{\mathrm{e}}]^2\} \tag{3.36}$$

3.4.3　基于高斯伪谱法求解翼伞归航轨迹最优问题

翼伞系统归航过程中的轨迹规划及其在单电机异常状态下的轨迹再次规划中求解最优的问题,可以描述为式(3.1)~式(3.4)的形式,下面,借助高斯伪谱法对翼伞系统进行轨迹规划。

式(3.1)~式(3.4)中的状态 $x(t)$,对应翼伞系统的位置坐标和航向角组成的向量$(x(t), y(t), z(t), \psi(t))^{\mathrm{T}}$。

1. 时间区间变换

当翼伞系统正常飞行时,设初始飞行时间为 t_0,终止飞行时间为 t_{f},利用式(3.7)将时间区间 $t \in [t_0, t_{\mathrm{f}}]$变换到区间 $\tau \in [-1, 1]$上。

当翼伞系统在异常状态下飞行时,设初始飞行时间为 t_{s},终止飞行时间为 t_{e},利用式(3.37)将时间区间 $t \in [t_{\mathrm{s}}, t_{\mathrm{e}}]$变换到区间 $\tau \in [-1, 1]$上。

$$\tau = \frac{2t}{t_{\mathrm{e}} - t_{\mathrm{s}}} - \frac{t_{\mathrm{e}} + t_{\mathrm{s}}}{t_{\mathrm{e}} - t_{\mathrm{s}}} \tag{3.37}$$

2. 近似变换为 NLP 问题

根据式(3.12)和式(3.13)对翼伞系统的位置坐标、偏航角及控制输入构造 Legendre 插值多项式实施逼近;利用式(3.15)~式(3.21)将翼伞系统归航轨迹的最优问题转化为非线性规划(NLP)问题,本书采用二次规划算法求解变换后得出的非线性规划问题。

经过高斯伪谱法离散处理后的翼伞系统轨迹优化问题变成了大规模的非

线性优化问题,为了提高求解精度及算法的收敛性和鲁棒性,对求解过程中初值的选取尤为重要,对初值的选取可以采用如下原则:首先选择少量的节点对翼伞系统轨迹优化问题求解,迅速得出一条轨迹;然后再通过对粗略轨迹进行插值,得到更多的节点。

3.5　仿真与分析

选用空投质量约束条件为 80 kg 的伞型,翼伞展弦比为 1.73,伞绳长度为 3.7 m,吊带长度为 0.5 m,伞衣面积为 22 m²,空投物阻力特征面积为 0.5 m²。仿真分为两部分:第一部分是基于式(3.22)所示的翼伞系统质点模型及在 3.4.1 小节中介绍的约束条件和目标函数,利用高斯伪谱法得出翼伞系统的归航轨迹;第二部分是基于式(3.23)所示的电机异常状态下翼伞系统质点模型及在 3.4.2 小节中介绍的约束条件和目标函数,利用高斯伪谱法得出翼伞系统的再规划轨迹。

3.5.1　翼伞系统归航轨迹优化仿真

1. 仿真条件及参数设置

根据所选伞型对高斯伪谱法规划出的翼伞系统归航轨迹进行仿真试验,在保证翼伞系统倾斜角小于 20° 的前提下,翼伞系统的基本运动参数设为

$$v_s = 15 \text{ m/s}, \quad v_z = 4.6 \text{ m/s}, \quad u_{max} = 0.14 \tag{3.38}$$

要求翼伞系统实现自动雀降,即要求翼伞系统在到达目标点时应逆风飞行,其次要求翼伞系统尽可能减小与目标点的差值,做到精确空投,对控制总能耗要求相对较弱,因此,设加权因子 $f_1 = 1$, $f_2 = 5000$,目标点为 $(0,0,0)$,风向与 x 轴正向一致,设定 6 种初始运动状态,见表 3.1。

表 3.1 中,x,y,z 表示翼伞系统初始位置,ψ 表示初始转弯角度。

表 3.1　初始状态

参数	1	2	3	4	5	6
x/m	-600	-400	-100	-3000	-3000	-2500
y/m	-600	-400	-100	-3000	-3000	-2500
z/m	920	920	920	1472	1472	1472
$\psi/(°)$	135	135	135	135	-135	-135

2. 仿真结果及分析

图 3.1 是初始点距离目标点较近时的三条归航轨迹和相应的控制曲线,其初始状态分别对应表 3.1 前三列的数据,由于初始高度相同,因此翼伞的飞行距离是相同的。从图 3.1 中可以看出,当初始点离目标点较近时,控制量呈类似余弦函数形状;翼伞系统的轨迹呈迂回转弯形状,没有明显的滑翔段,且初始点离目标点距离越近,迂回转弯越明显,其对应的转弯控制量也就越大,如初始点为(-100 m,-100 m,920 m)时,所对应的是图 3.1 中 3 号轨迹线。

图 3.2 是初始点距离目标点较远时的三条归航轨迹和相应的控制曲线,其初始状态分别对应表 3.1 中后三列数据。由于起始点和目标点距离较远,轨迹出现了较长的滑翔段,起始时的转弯是翼伞系统飞向目标点时所做的飞行方向调整,末端的转弯完成了逆风对准,以满足雀降关键性的条件。三组轨迹各自对应的控制量在翼伞转弯时较大,且转弯越明显控制量就越大,滑翔阶段的控制量为零。

表 3.2 给出了六种初始状态下翼伞系统飞行到终点时的方向角 ψ_f、目标点分别在 x 轴和 y 轴方向上的位置误差 Δx_f 和 Δy_f 的值,从表中的数据可以看出,翼伞系统能够准确的飞向目标点,且在目标点位置实现了逆风对准。

表 3.2　轨迹参数

初始状态	$\Delta x_\mathrm{f}/\mathrm{m}$	$\Delta y_\mathrm{f}/\mathrm{m}$	$\psi_\mathrm{f}/\mathrm{rad}$
1	$5.264\mathrm{e}-8$	$1.664\mathrm{e}-7$	3.14159265358979
2	$4.856\mathrm{e}-8$	$1.921\mathrm{e}-7$	3.14159265358979
3	$-8.411\mathrm{e}-8$	$2.239\mathrm{e}-7$	3.14159265358979
4	$-2.683\mathrm{e}-7$	$-1.557\mathrm{e}-7$	3.14159265358979
5	$-9.919\mathrm{e}-7$	$-1.0082\mathrm{e}-6$	3.14159265358979
6	$-1.1359\mathrm{e}-7$	$-1.409\mathrm{e}-7$	3.14159265358979

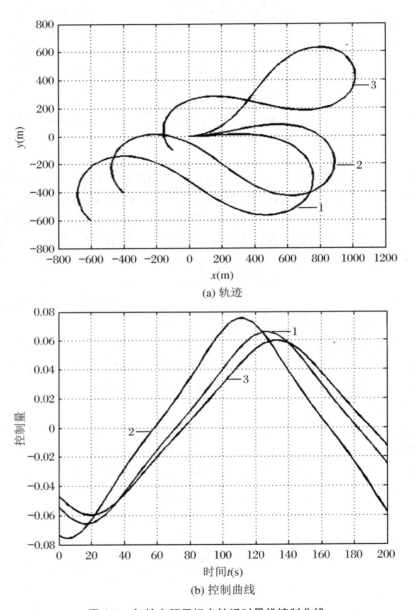

(a) 轨迹

(b) 控制曲线

图 3.1　初始点距目标点较近时最优控制曲线

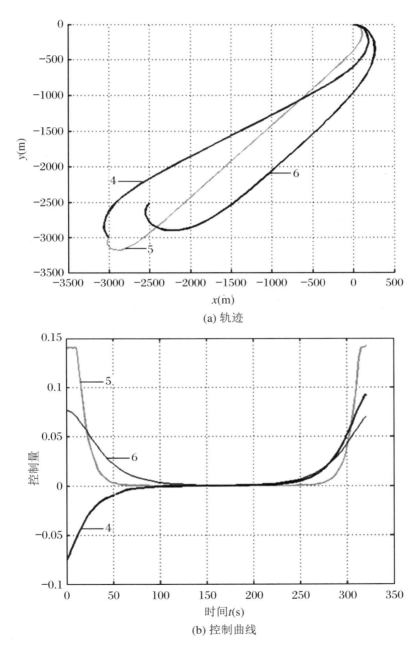

(a) 轨迹

(b) 控制曲线

图 3.2 初始点距目标点较远时最优控制曲线

3.5.2　单电机异常状态下轨迹再规划仿真

1. 仿真条件及参数设置

翼伞系统运行时基本参数设置同式(3.38),设翼伞系统初始相位为 $-135°$,从起始点水平面坐标$(-3000 \text{ m}, -3000 \text{ m})$向目标点$(0,0)$正常飞行过程中出现单电机工作异常情况,并设电机工作发生异常的时间发生在翼伞系统分别飞行到 70.94 s、266.67 s 时。

2. 仿真结果分析

仿真结果如图 3.3 和表 3.3 所示。图 3.3 中编号为 1 的轨迹曲线与控制量曲线为翼伞系统正常工作时基于伪谱法规划出的归航轨迹和控制曲线,由于起始点与目标点距离较远,中间有明显的滑翔阶段,且在整个飞行过程中,翼伞系统的控制量都是大于等于零的(仅左侧电机在工作),即翼伞系统做左转弯和滑翔两种操作。编号为 2 和 3 的曲线为翼伞系统分别在 70.94 s、266.67 s 时发生单电机故障的两条再规划轨迹曲线及对应的控制量变化曲线。从表 3.3 可以看出,在 70.94 s 发生单电机故障时,$\Delta u = 0.0125$,即翼伞系统左侧电机发生异常,故障点水平面坐标为 $(-2395.68 \text{ m}, -3358.57 \text{ m})$,方向角为 $24°$;在 266.67 s 发生单电机故障时,$\Delta u = 0.01$,即翼伞系统左侧电机发生异常,故障点水平面坐标为$(-395.84 \text{ m}, -1501.61 \text{ m})$,方向角为 $47.56°$。从图 3.3 中对应的控制曲线可以看出,出现单电机异常工作后,控制量 u 的范围由原来的 $[-0.14, 0.14]$(见式(3.22))变为$[-0.14, 0]$(见式(3.23))。当 $\Delta u = 0.0125$ 时,翼伞系统实施左转弯操纵的控制量范围为$[-0.0125, 0]$,实施右转弯操纵的控制量范围为$[-0.0125, -0.14]$;当 $\Delta u = 0.01$ 时,实施左转弯操纵的控制量范围为$[-0.01, 0]$,实施右转弯操纵的控制量范围为$[-0.01, -0.14]$,由于翼伞的可控性变差,因此电机的控制动作比正常工作状态下相对变得更加频繁。

表 3.3 中 Δx_e 和 Δy_e 代表翼伞系统单电机异常状态下再规划轨迹的终点与目标点之间的水平面误差,通过表中仿真数据和图 3.3 中再规划的轨迹可以看出,系统在单电机异常状态下仍能够规划出一条可行的轨迹用于引导翼伞系统飞向目标点。

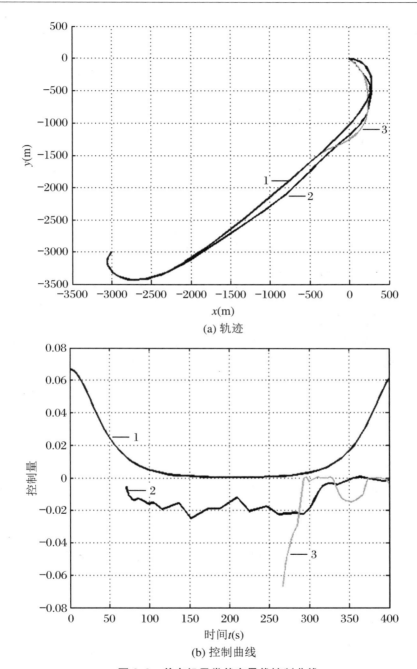

(a) 轨迹

(b) 控制曲线

图 3.3　单电机异常状态最优控制曲线

表 3.3 轨迹参数

序号	t_s/s	Δu	x_s/m	y_s/m	ψ_s/rad
1	70.94	0.0125	-2395.68	-3358.59	0.42
2	266.67	0.01	-395.84	-1501.61	0.83

序号	t_s/s	$\Delta x_e/m$	$\Delta y_e/m$	ψ_e/rad
1	$1.647e-12$	$2.156e-12$	2.55	$1.647e-12$
2	$2.487e-12$	$-2.544e-12$	2.43	$2.487e-12$

3.6 本 章 小 结

本章利用高斯伪谱法结合二次规划算法,对翼伞系统正常和单电机异常工作状态下归航轨迹规划中的最优控制问题进行了研究。首先对双电机控制(左右两个电机)的翼伞系统的运动特性进行了分析,在此基础上给出了翼伞系统的质点模型,并分析了翼伞系统在单电机异常工作状态下的控制性能的变化,建立了该状态下的质点模型。提出单电机异常状态下翼伞系统归航轨迹再规划问题,进一步分析了翼伞系统在正常和单电机异常工作状态下轨迹规划的约束条件及目标函数,介绍了利用高斯伪谱法求解翼伞系统轨迹规划及再规划中的最优控制问题。

对不同条件下的翼伞系统的轨迹规划进行了仿真分析,算例表明高斯伪谱法不需要对控制变量和状态变量进行精确猜测即可收敛,可以求解得出合理的控制量曲线及其对应的翼伞系统归航轨迹,该容错设计方法为进行辅助着陆的翼伞系统和对着陆速度要求不高的翼伞系统提供了归航轨迹设计方案。

第 4 章　辅助种群量子差分进化
算法及其应用

4.1　引　　言

在进行科学研究或实际工程应用过程中,会出现许多不一样甚至来自于不同领域但又很相似的问题,它们的共同特点就是可以把它们最终归结为最优问题求解。很多问题直接求解非常困难,甚至无法直接得出结果,针对类似问题,智能优化算法的出现为其解决提供了有效途径。

常见的搜索算法有很多,比如遗传算法、粒子群算法、蚁群优化算法等,其中,差分进化算法及量子优化算法是两种相对较新的优化算法,它们或它们各自的改进算法被广泛应用到各个领域的最优问题求解中。如余兵[95]利用差分进化算法来优化 BP 神经网络各层之间的链接权值;龚文印[96]针对数据挖掘中的聚类分析的问题,设计了一种称为差分演化聚类分析算法的特殊算法;雷琪[97]利用差分进化算法对模糊控制器的论域参数进行优化,通过仿真验证了论域参数优化后的模糊控制器,能够很好地满足焦炉加热燃烧过程中的动态变化;为了提高差分进化算法的全局搜索能力,曹二保[98]对差分进化算法的交叉因子做了改进,使交叉因子随着进化代数增长自动更新,并将这种改进后的算法应用到车辆路径问题的求解当中;葛剑武[99]同样对差分进化算法的交叉因子进行了改进,交叉因子根据个体与最优个体适应度值的相互关系自动调节,并在每一代进化结束后增加了随机新种群的竞争操作,提高了算法的全局搜索能力,防止算法陷入局部最优。张华[100]将量子进化算法用在图像稀疏分解上,提出了一种基于量子进化算法的图像稀疏分解快速算法,并通过实例验证了该算法的可行性;张葛祥[101]提出了"一种新的量子遗传算法(NQGA)",在算法中利用量子比特相位比较的方法来更新量子门,通过实例与最优保留遗传算法(OMGA)、改进遗传算法(IGA)、改进量子遗传算法(IQGA)做了对比,结果表明,新提出的算法(NQGA)寻优性能优于其他三种算法,张葛祥将其应用到无限脉冲响应数字滤波器(IIR)的优化设计中。量子优化算法也被应用到无线传感网络优化、车辆路径优化、车辆调度等其他领域。

翼伞系统自主归航过程中的轨迹规划问题的本质也是个求解最优的问题,本章结合差分进化和量子进化两种算法的优点,基于互补变异方法介绍一种辅助种群量子差分进化算法,对其优化性能做出分析,并将该算法应用到翼伞系统分段归航轨迹规划过程中。

4.2　差分进化与量子进化算法简介

在众多优化算法中,差分进化算法与量子进化算法是两种产生时间不久的智能优化算法,但人们对其做了大量理论和应用方面的研究,为顺利理解本章介绍的辅助种群量子差分进化算法,下面对这两种优化算法做简要介绍。

4.2.1　差分进化算法

差分进化算法(Differential Evolution,DE)最初是由 Storn 与 Price 两人在 1995 年的一份技术文献中提出的一种启发式智能优化算法[102-103]。该算法种群采用实数编码方式,基于种群之间的差异实现进化,具有原理简单、调节参数少、较好的鲁棒性等优点。差分进化算法的基本原理及实现步骤如图 4.1所示。

差分进化基本算法的操作可以分为变异操作、交叉操作和竞争择优操作三个阶段,这三个阶段在进化过程中重复进行,直到满足初始设定的最大进化代

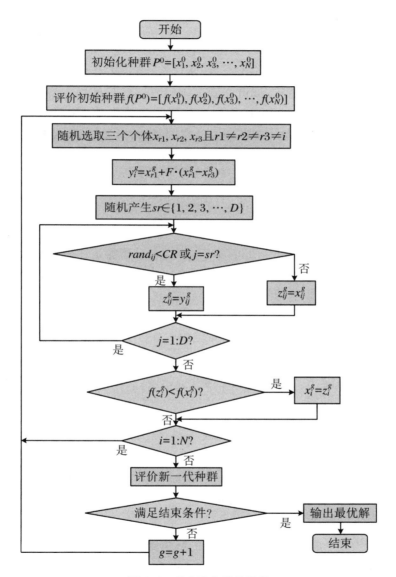

图 4.1　差分进化算法流程

数、精度等终止条件为止,具体方法如下:

1. 种群初始化

首先,根据待求解函数的自变量的取值范围构造一个由 N 个解组成的解群体 $P^g = [x_1^g, x_2^g, x_3^g, \cdots, x_N^g]$, $x_i \in \mathbf{R}$, 称其为种群,其中 g 表示当前种群的进化代数, N 表示种群的规模,取值一般在 $5 \sim 10D$ 之间(D 代表解的维数),构成种群的每个解称为个体,这个过程称为种群的初始化,设用 $P^0 = [x_1^0, x_2^0, x_3^0, \cdots, x_N^0]$ 表示初始种群,用 f 表示最小适应度函数,对初始种群 P^0 中的所有个体分别做出评价,即求出 $f(x_1^0), f(x_2^0), f(x_3^0), \cdots, f(x_N^0)$ 的值,记录初始种群中的最优解。

2. 变异操作

变异操作实现的方法是,从父代种群中随机的选取 3 个不同的个体 x_{r1}, x_{r2}, x_{r3}, $r1 \neq r2 \neq r3 \neq i$($i \in [1, 2, 3, \cdots, N]$,表示当前正在做变异操作的父代个体在种群中的序号),其中一个作为基向量,另外两个组成差分向量,即对它们进行如式(4.1)所示的数学运算,

$$y_i^{g+1} = x_{r1}^g + F \cdot (x_{r2}^g - x_{r3}^g) \tag{4.1}$$

式中,系数 F 称为缩放因子,其取值范围限定在 $[0, 2]$ 区间上,实际应用中一般取 0.5,代表种群的各个体之间差异度减小得速度, F 的值越大,个体之间的差异度减小得就越慢,整个算法的收敛速度就越慢,反之算法收敛的速度就越快,但它的值不能太小,太小容易造成算法出现"早熟"收敛。

3. 交叉操作

对每个个体 x_i($i \in [1, 2, 3, \cdots, N]$)变异操作生成 y_i,设 z_i 代表进行交叉操作后生成的个体,交叉操作方法如式(4.2)所示:

$$\begin{cases} z_{i,j}^g = y_{i,j}^g, & rand < CR \quad 或 \quad j == sr \\ z_{i,j}^g = x_{i,j}^g, & 其他 \end{cases} \tag{4.2}$$

式中, $rand$ 代表生成一个 $[0,1]$ 区间上的随机数; CR 称为交叉因子(概率),取值在 $[0,1]$ 区间上,一般取 0.3 左右。 $j \in [1, 2, \cdots, D]$ 代表第 i 个体的第 j 个分量,条件 $j == sr$ 可以保证每个个体上至少有一个分量被实施交叉操作。

4. 竞争择优

竞争择优是将经过变异交叉操作后生成的 N 个子代个体 z_i($i \in [1, 2, 3,$

$\cdots,N$])的适应度值,与它们对应的父代个体 x_i($i\in[1,2,3,\cdots,N]$)的适应度值进行对比,择优替代父代个体,生成新的种群,参与下一代的进化。择优方法如式(4.3)所示:

$$\begin{cases} x_i^g = z_i^g, & f(z_i^g) < f(x_i^g) \\ x_i^g = x_i^g, & \text{其他} \end{cases} \tag{4.3}$$

经过上述 4 个步骤,新一代(子代)种群产生,替代了上一代(父代)种群,对新种群中所有的个体分别代入适应度函数,对它们做出评价,记录它们中的最优解,然后新的种群作为下一次的父代种群进入到新的进化过程中,直到满足结束条件为止,输出最优结果。

4.2.2　量子优化算法

1. 编码方式

与许多智能优化算法不同的是,量子进化算法采用了一种特殊的编码方式,它基于量子比特(Qubit)编码,一个量子比特位可以写成式(4.4)的形式:

$$|\psi\rangle = \alpha|0\rangle + \beta|1\rangle \tag{4.4}$$

式中的数字"0"和"1"分别代表一位量子比特的两个基本状态,称为基态 $|0\rangle$ 和基态 $|1\rangle$,α 和 β 为复数,分别代表一位量子比特处在基态 $|0\rangle$ 和基态 $|1\rangle$ 的概率幅,α 和 β 的取值应满足 $|\alpha|^2+|\beta|^2=1$ 的归一化条件,$|\alpha|^2$ 和 $|\beta|^2$ 称为量子比特 $|\psi\rangle$ 分别坍塌到基态 $|0\rangle$ 和基态 $|1\rangle$ 的概率。

设种群中的一个个体 q 采用 n 个量子比特位进行编码,其编码表示形式如式(4.5)所示:

$$q = \begin{pmatrix} \alpha_1 & \alpha_2 & \cdots & \alpha_n \\ \beta_1 & \beta_2 & \cdots & \beta_n \end{pmatrix} \tag{4.5}$$

2. 量子进化算法流程

量子进化算法流程如图 4.2 所示。

种群 $Q^g = [q_1^g, q_2^g, q_3^g, \cdots, q_N^g]$ 中的 N 代表种群规模,g 代表进化代数,初始化时 $g=1$,种群中的每个个体可以表示为

$$q_i^g = \begin{pmatrix} \alpha_{i,1}^g & \alpha_{i,2}^g & \cdots & \alpha_{i,D}^g \\ \beta_{i,1}^g & \beta_{i,2}^g & \cdots & \beta_{i,D}^g \end{pmatrix}, \quad i = 1,2,\cdots,N \tag{4.6}$$

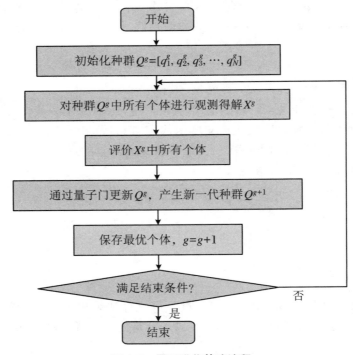

图 4.2 量子进化算法流程

式中,D 代表个体的长度,即一个个体由 D 个量子比特位编码组成,因此整个种群由 $N \cdot D$ 个量子比特位构成,初始化时,种群中的所有量子比特位上的 α 和 β 都设为 $1/\sqrt{2}$,即 Q^1 取值如式(4.7)所示:

$$Q^1 = \begin{pmatrix} \dfrac{1}{\sqrt{2}} & \dfrac{1}{\sqrt{2}} & \cdots & \dfrac{1}{\sqrt{2}} \\ \dfrac{1}{\sqrt{2}} & \dfrac{1}{\sqrt{2}} & \cdots & \dfrac{1}{\sqrt{2}} \end{pmatrix} \tag{4.7}$$

对种群中所有个体 q_i^g 进行观测(坍塌),得出 N 个以 D 位二进制数表示的解集 $X^g = [b_{i,1}^g, b_{i,2}^g, \cdots, b_{i,D}^g]$,$(i = 1, 2, \cdots, N; b \in 0, 1)$,对第 i 个体中 D 个量子比特位进行坍塌的方法如式(4.8)所示:

$$\begin{cases} b_{i,j}^g = 1, & rand > |\alpha|^2 \\ b_{i,j}^g = 0, & \text{其他} \end{cases} \tag{4.8}$$

式中,$rand$ 代表产生一个 0 到 1 之间的随机数。

　　量子算子的更新是量子进化算法中最重要的环节,由于量子进化算法的特殊编码形式,使得新种群的产生不能采用传统的交叉、变异等操作方式,而是通过其特有的量子门实现种群的更新。根据量子门作用的不同可以将其分为受控门、量子旋转门、非门、异或门等,其中量子旋转门是量子进化算法中主要采用的量子门,它的形式如式(4.9)所示:

$$U(\theta) = \begin{bmatrix} \cos\theta & -\sin\theta \\ \sin\theta & \cos\theta \end{bmatrix} \qquad (4.9)$$

量子旋转门 $U(\theta)$ 满足 $U(\theta)' \cdot U(\theta) = U(\theta) \cdot U(\theta)' = I$ 条件,其中,$U(\theta)'$ 是 $U(\theta)$ 的共轭转置矩阵。

　　量子旋转门对量子比特位的更新方式如式(4.10):

$$\begin{bmatrix} \alpha_i' \\ \beta_i' \end{bmatrix} = U(\theta_i) \begin{bmatrix} \alpha_i \\ \beta_i \end{bmatrix} = \begin{bmatrix} \cos\theta_i & -\sin\theta_i \\ \sin\theta_i & \cos\theta_i \end{bmatrix} \begin{bmatrix} \alpha_i \\ \beta_i \end{bmatrix} \qquad (4.10)$$

式中,$[\alpha_i', \beta_i']^T$ 为更新后的第 i 个量子比特位,θ_i 为旋转角。θ_i 的取值决定算法的性能(符号的“正”与“负”决定量子进化算法的收敛方向,取值幅度决定算法收敛速度的快慢),设用 $s(\alpha_i, \beta_i)$ 和 $\Delta\theta_i$ 分别代表旋转角 θ_i 的符号和幅度,则 θ_i 可以表示为

$$\theta_i = s(\alpha_i, \beta_i) \cdot \Delta\theta_i \qquad (4.11)$$

　　关于 $\Delta\theta_i$ 和 $s(\alpha_i, \beta_i)$ 的调整方法,Han[104] 等人根据不同的问题提出了不同的查表的策略,其中,比较通用的一种调整策略见表 4.1。

表 4.1　量子旋转门调整表

x_i	b_i	$f(x_i) > f(b_i)$	$\Delta\theta_i$	$s(\alpha_i, \beta_i)$			
				$\alpha_i \cdot \beta_i > 0$	$\alpha_i \cdot \beta_i < 0$	$\alpha_i = 0$	$\beta_i = 0$
0	0	F	0	−	−	−	−
0	0	T	0	−	−	−	−
0	1	F	ϕ	+1	−1	0	∓1
0	1	T	ϕ	−1	+1	∓1	0
1	0	F	ϕ	−1	+1	∓1	0
1	0	T	ϕ	+1	−1	0	∓1
1	1	F	0	−	−	−	−
1	1	T	0	−	−	−	−

表 4.1 中,x_i,b_i 分别表示当前个体与当前最优个体的第 i 位,f 表示适应度函数,φ 代表调整步长,一般选 $\pi/25$ 或其他小角度值。

4.3 辅助种群量子差分进化算法

差分进化算法操作简单,对求解非凸、多峰、非线性函数具有很强的适应性,但后期收敛速度较慢、收敛效率低。量子进化算法具有较好的局部搜索能力[105]。本书将差分进化算法的交叉变异、量子进化算法编码及其量子门更新结合起来,给出一种辅助种群量子差分进化算法(Quantum Differential Evolution Algorithm based on Auxiliary Population,AP-QDEA),该算法通过随机选取若干个体进行互补变异实现种群局域搜索,提高搜索效率和精度,通过增加辅助种群的方式达到种群多样化的目的,两者结合,用于提高算法搜索的精度和速度,避免算法陷入局部最优。

4.3.1 算法策略

考虑式(4.12)所示的函数优化问题,

$$\begin{cases} \min f(x_1,x_2,\cdots,x_D) \\ \text{s.t.} \quad x_j \in [x_{\min j},x_{\max j}], \quad j=1,2,\cdots,D \end{cases} \tag{4.12}$$

式中的 x_j 表示函数的决策变量,决策向量的维数为 D,$x_{\min j}$ 和 $x_{\max j}$ 分别为决策变量 x_j 的上下限。

1. 个体编码及种群初始化

辅助种群量子差分进化算法的编码方式继承了量子进化算法概率幅编码和差分进化算法实数编码的特点,采用实数-概率幅编码方式,对个体(基因)p_i^g 的编码如式(4.13)所示:

$$p_i^g = \begin{vmatrix} x_{i,1}^g & x_{i,2}^g & \cdots & x_{i,D}^g \\ \alpha_{i,1}^g & \alpha_{i,2}^g & \cdots & \alpha_{i,D}^g \\ \beta_{i,1}^g & \beta_{i,2}^g & \cdots & \beta_{i,D}^g \end{vmatrix}, \quad i = 1,2,\cdots,N \qquad (4.13)$$

式中的 i 表示种群中的第 i 个体,其最大值 N 代表种群规模,每个个体的维数为 D,g 表示进化代数。可以看出,个体的每一个分量(基因位)都由 x、α 和 β 构成,称 α,β 为 x 的概率幅,且它们的取值满足式(4.14)的归一化条件。

$$|\alpha_{i,j}|^2 + |\beta_{i,j}|^2 = 1, \quad i = 1,2,\cdots,N; \quad j = 1,2,\cdots,D \quad (4.14)$$

对群体规模为 N 的种群 $X^g = [p_1^g, p_2^g, \cdots, p_N^g]$ 中的 x_{ij} 进行初始化时,利用式(4.15)实现,

$$x_{i,j} = (x_{\max j} - x_{\min j}) \cdot rand_j + x_{\min j}, \quad i = 1,2,\cdots,N; \quad j = 1,2,\cdots,D$$
$$(4.15)$$

式中 $rand_j$ 表示产生一个 $[0,1]$ 区间上的随机数,$\alpha_{i,j}$,$\beta_{i,j}$ 的初始化如式(4.16):

$$\begin{pmatrix} \alpha_{i,j} \\ \beta_{i,j} \end{pmatrix} = \begin{pmatrix} \cos(\theta_{i,j}) \\ \sin(\theta_{i,j}) \end{pmatrix} \qquad (4.16)$$

式中,$\theta_{i,j} = 2 \cdot \pi \cdot rand_{i,j}$,$rand_{i,j}$ 表示产生一个 $[0,1]$ 区间上的随机数。

2. 互补变异

辅助种群量子差分进化算法首先对种群进行互补变异操作,采用的办法是随机选取若干个个体,分别对它们的每个分量实施变异,且每次仅对单个个体分量实施变异,即单基因位变异。设选取种群中的个体 p_i^g,对 p_i^g 的第 j 个分量 $x_{i,j}^g$ 实施式(4.17)所示的高斯变异,

$$x_{i,j}^g \,|_k = x_{i,j}^g + (x_{\max j} - x_{\min j}) \cdot normrnd(0,(\sigma_{i,j}^g \,|_k)^2)$$
$$i = 1,2,\cdots,N; \quad j = 1,2,\cdots,D \qquad (4.17)$$

式中,$normrnd(0,(\sigma_{i,j}^g |_k)^2)$ 表示产生一个均值为 0,方差为 $(\sigma_{i,j}^g |_k)^2$,服从高斯分布的随机数,$k = \alpha,\beta$,$(\sigma_{i,j}^g |_k)^2$ 的取值方法如式(4.18):

$$\begin{cases} (\sigma_{i,j}^g \,|_\alpha)^2 = |\alpha_{i,j}^g|^2, & k = \alpha \\ (\sigma_{i,j}^g \,|_\beta)^2 = |\beta_{i,j}^g|^2/3, & k = \beta \end{cases} \qquad (4.18)$$

根据式(4.17)互补变异后生成的新个体有可能超出解的上下限,当个体中分量的取值超出范围时,对个体采取式(4.19)所示的操作(可重复操作)使其恢复到解空间中。

$$\begin{cases} x^g_{i,j} \mid_k = 2x_{\text{max}j} - x^g_{i,j} \mid_k, & x^g_{i,j} \mid_k > x_{\text{max}j} \\ x^g_{i,j} \mid_k = 2x_{\text{min}j} - x^g_{i,j} \mid_k, & x^g_{i,j} \mid_k < x_{\text{min}j} \end{cases} \tag{4.19}$$

若经过式(4.17)～式(4.19)变异之后生成的个体优于变异前的个体,称为有效变异;反之,称为无效变异。

3. 差分进化

辅助种群量子差分进化算法的差分进化操作采用双种群(主种群和辅助种群)同时进化的策略,主种群中采用差分进化的主体是经过互补变异后的种群,辅助种群中进化的主体主要由辅助种群中的原有优质个体和主种群进化过程中生成的相对优质个体构成。

(1) 辅助种群差分进化

① 种群初始化。

辅助种群的初始种群可根据式(4.20)产生,群体规模 N 可以根据实际情况选取,在此,设辅助种群的群体规模与主种群相等,$rand_j$ 含义同式(4.15),为区分与主种群的不同,这里用 w_i 表示辅助种群中的个体,$w_{i,j}$ 表示辅助种群中第 i 个个体的第 j 个分量。

$$w_{i,j} = (x_{\text{max}j} - x_{\text{min}j}) \cdot rand_j + x_{\text{min}j} \quad i = 1,2,\cdots,N; \quad j = 1,2,\cdots,D$$
$$\tag{4.20}$$

② 变异操作。

对辅助种群中所有的个体实施变异操作,首先,从辅助种群中随机选取 3 个不同的个体 w^g_{r1}, w^g_{r2} 和 w^g_{r3},然后对种群中第 i 个体 $w^g_i(i=1,2,\cdots,N)$进行式(4.21)的变异操作:

$$u^{g+1}_i = w^g_{r1} + F \cdot (w^g_{r2} - w^g_{r3}), \quad r1 \neq r2 \neq r3 \neq i \tag{4.21}$$

式中,缩放因子 F 取值范围限定在$[0,2]$区间上,u^{g+1}_i 为经过变异操作后生成的个体。

③ 交叉操作。

设 v^{g+1}_i 代表进行交叉操作后生成的新个体,如式(4.22)所示:

$$v^{g+1}_i = [v^{g+1}_{i,1}, v^{g+1}_{i,2}, \cdots, v^{g+1}_{i,j}, \cdots, v^{g+1}_{i,D}], \quad i = 1,2,\cdots,N; \quad j = 1,2,\cdots,D$$
$$\tag{4.22}$$

对每个个体 $x^g_i(i \in [1,2,3,\cdots,N])$实施式(4.23)交叉操作,

$$\begin{cases} v^{g+1}_{i,j} = u^{g+1}_{i,j}, & rand < CR' \quad \text{或} \quad j == sr' \\ v^{g+1}_{i,j} = w^g_{i,j}, & \text{其他} \end{cases} \tag{4.23}$$

式中,$rand$ 代表生成的一个[0,1]区间上的随机数;CR' 为交叉因子(概率),取值在区间[0,1]上。$j \in [1,2,\cdots,D]$ 代表第 i 个体的第 j 个分量,$j = = sr'$ 的交叉条件可以保证每个个体上至少有一个分量实施了交叉操作。

④ 竞争操作。

辅助种群量子差分进化算法的辅助种群中的竞争操作是在传统竞争操作的基础上,增加了主种群中被淘汰个体(经过变异交叉操作后的个体)替代辅助种群中适应度函数值最大的个体的操作环节。设 w_i^{g+1} 代表进行变异、交叉、选择操作后生成的新一代个体,竞争采用贪婪原则,将原有父代所有个体 w_i^g($i \in [1,2,3,\cdots,N]$)的适应度函数值与经过变异、交叉操作后的个体 v_i^{g+1} 所对应的适应度函数值分别进行对比,选择适应度函数值较小的个体作为参与进一步进化的新种群,如式(4.24)所示:

$$\begin{cases} w_i^{g+1} = v_i^{g+1}, & f(v_i^g) < f(w_i^g) \\ w_i^{g+1} = w_i^g, & \text{其他} \end{cases} \tag{4.24}$$

辅助种群进化的最后一步是将同代主种群进化过程中产生的、被主种群淘汰的"次优"个体替代辅助种群中适应度函数值最大的个体,设 z_t^{g+1} 表示"次优"个体,替代($\Leftarrow$)方法如式(4.25):

$$w_i^{g+1} \mid_{\max(f(w_1^{g+1}),f(w_2^{g+1}),\cdots,f(w_N^{g+1}))} \Leftarrow z_t^{g+1} \quad i = 1,2,\cdots,N; \quad t = 1,2,\cdots,N \tag{4.25}$$

需要说明的是,式(4.25)中的 i 和 t 虽然代表含义相同,但两者不一定相等。

(2) 主种群差分进化

主种群的差分进化主要是针对进行互补变异后的种群 $X^g = [p_1^g, p_2^g, \cdots, p_N^g]$ 进行的操作,方法如下:

① 变异操作。

从种群 $X^g = [p_1^g, p_2^g, \cdots, p_N^g]$ 中随机选取 3 个不同个体的 x 部分:x_{r1}^g, x_{r2}^g 和 x_{r3}^g,然后对种群中第 i 个体的 x_i^g($i = 1,2,\cdots,N$)进行式(4.26)的变异操作:

$$y_i^{g+1} = x_{r1}^g + F \cdot (x_{r2}^g - x_{r3}^g), \quad r1 \neq r2 \neq r3 \neq i \tag{4.26}$$

式中,缩放因子 F 取值范围限定在[0,2]区间上,y_i^{g+1} 为经过变异操作后生成的个体。对种群 $X^g = [p_1^g, p_2^g, \cdots, p_N^g]$ 中所有个体的 x 部分实施上述差分变异操作。

② 交叉操作。

设 z_i^{g+1} 代表进行交叉操作后生成的新个体,如式(4.27)所示:

$$z_i^{g+1} = \left[z_{i,1}^{g+1}, z_{i,2}^{g+1}, \cdots, z_{i,j}^{g+1}, \cdots, z_{i,D}^{g+1} \right] \quad i = 1,2,\cdots,N; \quad j = 1,2,\cdots,D \tag{4.27}$$

对每个个体 p_i^g,$(i \in [1,2,3,\cdots,N])$的 x 部分实施式(4.28)交叉操作:

$$\begin{cases} z_{i,j}^{g+1} = y_{i,j}^{g+1}, & rand < CR \quad 或 \quad j == sr \\ z_{i,j}^{g+1} = x_{i,j}^g, & 其他 \end{cases} \tag{4.28}$$

式中,$rand$ 代表生成的一个区间$[0,1]$上的随机数,CR 为交叉因子(概率),取值在$[0,1]$区间上。$j \in [1,2,\cdots,D]$代表第 i 个体的第 j 个分量,$j == sr$ 的交叉条件同样可以保证主种群中的每个个体上至少有一个分量实施了交叉操作。

③ 竞争操作。

辅助种群量子差分进化算法主种群中的竞争操作,在主种群父代个体、主种群新生个体与辅助种群子代个体三者之间进行,选取三者最优个体作为主种群下一代个体,由此产生的新种群作为新生种群,竞争操作根据式(4.29)完成,其中,i 和 t 的含义同式(4.25)。

$$\begin{cases} x_i^{g+1} = z_i^{g+1}, & \min(f(x_i^g),f(w_i^{g+1}),f(z_i^{g+1})) = f(z_i^{g+1}) \\ x_i^{g+1} = w_i^{g+1}, & \min(f(x_i^g),f(w_i^{g+1}),f(z_i^{g+1})) = f(w_i^{g+1}) \\ (x_i^{g+1} = x_i^g)\&(w_i^{g+1} \mid_{\max(f(w_1^{g+1}),f(w_2^{g+1}),\cdots,f(w_N^{g+1}))} \Leftarrow z_t^{g+1}), & 其他 \end{cases} \tag{4.29}$$

上面是对主种群 $X^g = [p_1^g, p_2^g, \cdots, p_N^g]$中所有个体 x 部分进行差分进化的方法,对于概率幅(α, β)的部分,在主种群进行差分进化过程中采取相应概率幅不变的原则,即主种群的新生个体 x_i^{g+1},$(i = 1,2,\cdots,N)$各分量的概率幅$(\alpha_{i,j}^g, \beta_{i,j}^g)$,分别继承互补变异后 x_i^g 各分量所对应的概率幅$(\alpha_{i,j}^g, \beta_{i,j}^g)$。

4.3.2　算法流程

下面介绍一下辅助种群量子差分进化算法应用时的具体操作流程:

第 1 步:相关参数初始设定,并根据式(4.13)~式(4.16)及式(4.20)分别对主、辅种群进行初始化。

第 2 步:评价主种群。即分别求取主种群的所有个体对应的适应度函数值,并保存最优个体。

第 3 步:根据初始设定的算法终止条件,判断是否终止算法。若满足终止条件,输出最优个体及其对应的适应度函数值,结束算法;若不满足,则继续执行算法的第 4 步。

第 4 步:互补变异。从 N 个个体组成的主种群中随机选取 s 个个体,对这 s 个个体的每一个分量进行互补变异,并记录最优个体。例如对个体 x_3^g 的第 2 个分量 $x_{3,2}^g$ 进行互补变异的具体操作方法如下:

首先根据式(4.17)~式(4.19)分别对 $x_{3,2}^g$ 进行互补变异 m_1 次,在这 m_1 次互补变异过程中式(4.18)中的 k 值取 α,即 $(\sigma_{3,2}^g|_\alpha)^2 = |\alpha_{3,2}^g|^2$,之后,再对其做 m_2 次互补变异,这 m_2 次互补变异过程中式(4.18)中的 k 值取 β,即 $(\sigma_{3,2}^g|_\beta)^2 = |\beta_{3,2}^g|^2/3$,自此,对 $x_{3,2}^g$ 一共做了 $m = m_1 + m_2$ 次互补变异操作,如果这 m 次互补变异的有效次数大于无效次数,则 $x_{3,2}^g$ 对应概率幅 $\alpha_{3,2}^g$ 和 $\beta_{3,2}^g$ 不变,否则,按式(4.30)进行更新,

$$\begin{bmatrix} \alpha_{i,j}^g \\ \beta_{i,j}^g \end{bmatrix} = \begin{bmatrix} \cos(\Delta\theta_{i,j}^g) & -\sin(\Delta\theta_{i,j}^g) \\ \sin(\Delta\theta_{i,j}^g) & \cos(\Delta\theta_{i,j}^g) \end{bmatrix} \begin{bmatrix} \alpha_{i,j}^g \\ \beta_{i,j}^g \end{bmatrix} \tag{4.30}$$

量子门的旋转角的取值由式(4.31)决定,

$$\begin{cases} \Delta\theta_{i,j}^g = \theta_0 \cdot \exp\left(-\dfrac{|\beta_{i,j}^g|}{|\alpha_{i,j}^g| + \gamma}\right), & \alpha_{i,j}^g \cdot \beta_{i,j}^g > 0 \\[3mm] \Delta\theta_{i,j}^g = -\theta_0 \cdot \exp\left(-\dfrac{|\beta_{i,j}^g|}{|\alpha_{i,j}^g| + \gamma}\right), & \alpha_{i,j}^g \cdot \beta_{i,j}^g < 0 \\[3mm] \Delta\theta_{i,j}^g = 0, & \alpha_{i,j}^g \cdot \beta_{i,j}^g = 0 \end{cases} \tag{4.31}$$

式中,θ_0 为量子旋转门的起始旋转角,γ 为进化尺度,它们与 $\alpha_{i,j}^g$ 和 $\beta_{i,j}^g$ 共同决定量子旋转门旋转角度的大小,旋转角的大小影响整个算法的收敛速度。

由式(4.30)和式(4.31)可以看出,$|\alpha_{i,j}^g|^2$ 和 $|\beta_{i,j}^g|^2$ 随着进化次数增加,一个减小,一个增大,从而影响式(4.17)的搜索空间变大和缩小,实现"求精"与"求泛"互补,合理安排 m_1 和 m_2 的取值就可以实现两种搜索的平衡。

第 5 步:根据式(4.20)~式(4.29),对主种群和辅助种群实施差分进化。

第 6 步:$g = g + 1$,转向第 3 步。

4.3.3　评价指标

为评价辅助种群量子进化算法的优化性能,这里给出几个常用评价指标,

通过与其他相关优化算法进行对比,衡量辅助种群量子优化算法的优化效果。

1. 最佳适应度 f_{best}

在对测试函数进行多次优化的过程中,每次优化的结果不一定相同,具有随机性;因此,在同一个测试函数、优化次数相同的条件下,采用不同的优化算法进行优化,可以选择每种优化算法得到的最佳适应度值 f_{best} 做对比,来评价优化算法优劣。

2. 最差适应度 f_{worst}

与最佳适应度 f_{best} 相应,相同优化条件下,选择各种优化算法得到的最差适应度值 f_{worst} 做对比,来评价算法优劣。

3. 平均适应度 f_{mean}

平均适应度 f_{mean} 是多次优化后,选取每次优化时得出的最佳适应度值进行相加并除以总的优化次数,所得到的平均值,它反映优化结果的平均性能。

4. 适应度方差 $f_{variance}$

$$f_{variance} = \frac{1}{n} \cdot \sum_{i=1}^{n} (f_{best,i} - f_{mean})^2 \tag{4.32}$$

适应度方差如式(4.32)所示,它反映了每次最佳适应度值偏离平均适应度值的幅度。

5. 收敛曲线

收敛曲线是指在多次运行优化算法过程中最优解的平均适应度值(用对数表示)的变化曲线,即反映的是式(4.33)随进化代数的变化规律。

$$F_g = \lg [f(x_g) - f(x_0)] \tag{4.33}$$

式中,x_0 为已知函数最优解,x_g 为多次运行各代最优解的平均值。

4.3.4 仿真分析

1. 测试函数

为方便验证辅助种群量子进化算法的性能,这里选取 Benchmark 函数作

为测试函数,综合仿真分析算法的优化性能。函数分别描述如下:

求解函数 f_1 最小值所对应的最优解,

$$\min f_1 = \min \sum_{i=1}^{D} x_i^2 \qquad (4.34)$$

式中,自变量 x_i 的取值范围为 $x_i \in [-100, 100]$,自变量维数 $D = 30$,已知 f_1 全局最优解为 $[x_1, x_2, \cdots, x_{30}] = [0, 0, \cdots, 0]$,其对应的函数值为 0。

求解函数 f_2 最小值所对应的最优解,

$$\min f_2 = \min\left(\frac{1}{4000} \sum_{i=1}^{D} x_i^2 - \prod_{i=1}^{D} \cos\left(\frac{x_i}{\sqrt{i}}\right) + 1 \right) \qquad (4.35)$$

式中,自变量 x_i 的取值范围为 $x_i \in [-600, 600]$,自变量维数 $D = 30$,已知 f_2 全局最优解为 $[x_1, x_2, \cdots, x_{30}] = [0, 0, \cdots, 0]$,其对应的函数值为 0。

求解函数 f_3 最小值所对应的最优解,

$$\min f_3 = \min\left(10D + \sum_{i=1}^{D} (x_i^2 - 10\cos(2\pi x_i)) \right) \qquad (4.36)$$

式中,自变量 x_i 的取值范围为 $x_i \in [-5.12, 5.12]$,自变量维数 $D = 30$,已知 f_3 全局最优解为 $[x_1, x_2, \cdots, x_{30}] = [0, 0, \cdots, 0]$,其对应的函数值为 0。

求解函数 f_4 最小值所对应的最优解,

$$\min f_4 = \min\left(- \sum_{i=1}^{D} x_i \sin\left(\sqrt{|x_i|}\right) \right) \qquad (4.37)$$

式中,自变量 x_i 的取值范围为 $x_i \in [-500, 500]$,自变量维数 $D = 30$,已知 f_4 全局最优解为 $[x_1, x_2, \cdots, x_{30}] = [-420.9687, -420.9687, \cdots, -420.9687]$,其对应的函数值为 $\min f_4 \approx -12569.5$。

2. 参数设置

标准差分进化算法(DE)参数设置:种群规模 N 设为 100,缩放因子 F 设为 0.5,交叉因子 CR 设为 0.4。

辅助种群量子差分进化算法(AP-QDEA)设置:种群规模 N 设为 30,初始旋转角 θ_0 设为 0.4π,进化尺度 γ 设为 0.05,互补变异操作随机选择个体个数 s 设为 10,缩放因子 F 设为 0.5,交叉因子 CR 设为 0.4,搜索次数 m_1, m_2 分别设为 6 和 2。

3. 仿真分析

分别用两种寻优算法按照预设参数对给定测试函数 f_1 进行最优解搜索,

采用最大进化代数作为算法终止条件,设最大进化代数为 1500 代,两种算法分别独立运行 30 次。

表 4.2 为运行结果,从表中可以看出,AP-QDEA 算法仿真得出的最佳适应度 f_{best} 和最差适应度 f_{worst} 的取值都比 DE 算法得出的结果更为优秀,更接近函数的理想取值 0,AP-QDEA 算法的平均适应度 f_{mean} 值距 0 值也更为接近,适应度方差也较 DE 算法更小。

表 4.2　AP-QDEA 与 DE 算法优化结果对照表

函数	算法名称	f_{best}	f_{worst}	f_{mean}	$f_{variance}$
f_1	DE	$6.4079e-18$	$3.0100e-17$	$1.2298e-17$	$3.2836e-35$
f_1	AP-QDEA	$6.4060e-36$	$1.3818e-34$	$4.2528e-35$	$9.1717e-70$
f_2	DE	0	$2.9976e-15$	$1.9244e-16$	$3.2535e-31$
f_2	AP-QDEA	0	0	0	0
f_3	DE	58.4334	75.2983	66.1673	27.4528
f_3	AP-QDEA	0	15.7904	2.9188	19.2008
f_4	DE	$-7.0480e+3$	$-6.3614e+3$	$-6.6866e+3$	$4.3123e+4$
f_4	AP-QDEA	$-1.0141e+4$	$-7.8814e+3$	$-8.8593e+3$	$6.1744e+5$

图 4.3 和图 4.4 显示的是测试函数 f_1 在两种算法下的收敛曲线,从收敛曲线上看,在相同进化代数的情况下,AP-QDEA 算法的收敛速度要比 DE 算法快,更易于接近理想函数值。

对测试函数 f_2 的最优解进行搜索时,与 f_1 一样,采用最大进化代数为 1500 作为算法终止条件,两种算法分别独立运行 30 次。从表 4.2 运行的结果可以看出,DE 算法在 30 次的运行过程中,最优时能够搜索到函数值等于 0,最差的搜索函数值 $2.9976e-15$,加上它的平均适应度 f_{mean} 值和适应度方差 $f_{variance}$ 显示的数值,表明 DE 算法在对测试函数 f_2 做最优搜索时并不一定保证每次都能搜索到理想值的位置,具有一定的随机性。AP-QDEA 算法仿真得出的最佳适应度 f_{best}、最差适应度 f_{worst}、平均适应度 f_{mean} 和适应度方差 $f_{variance}$ 显示的取值都为 0,表明 AP-QDEA 算法在对测试函数 f_2 做 30 次最优搜索运行时,每次都能够搜索到理想函数值的位置,因此,AP-QDEA 算法具有更好的稳定性。

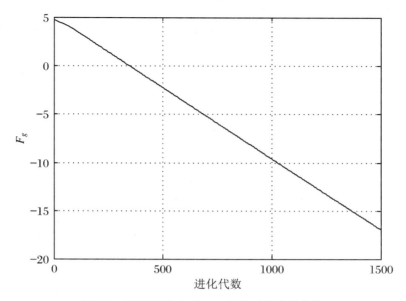

图 4.3　测试函数 f_1 在 DE 寻优时的收敛曲线

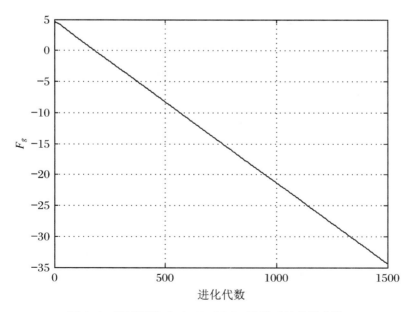

图 4.4　测试函数 f_1 在 AP-QDEA 寻优时的收敛曲线

图 4.5 和图 4.6 为测试函数 f_2 在两种算法下的收敛曲线。从收敛曲线上

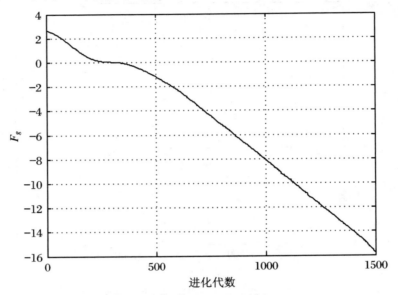

图 4.5   测试函数 f_2 在 DE 寻优时的收敛曲线

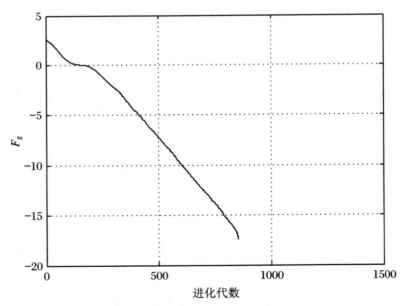

图 4.6   测试函数 f_2 在 AP-QDEA 寻优时的收敛曲线

看，AP-QDEA 算法在运行到 850 步左右时，得到了理想的最优函数值，DE 算法在算法终止时，仍未收敛到最优函数值，同样表明，在相同的进化代数的情况下，AP-QDEA 算法的收敛速度要比 DE 算法快。

测试函数 f_3 终止运行的最大进化代数设为 10000 代，两种算法分别独立运行 5 次。测试函数 f_4 终止运行的最大进化代数设为 500 代，两种算法分别独立运行 10 次。从表 4.2 运行的结果及图 4.7 至图 4.10 的收敛曲线可以看出，AP-QDEA 算法在各种评价指标上都优于 DE 算法。

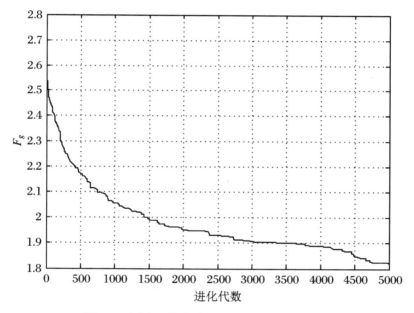

图 4.7 测试函数 f_3 在 DE 寻优时的收敛曲线

综上所述，辅助种群量子差分进化算法（AP-QDEA）优于传统的差分进化算法（DE），具有更强的全局寻优能力，更高的搜索精度；而平均适应度 f_{mean} 和适应度方差 $f_{variance}$ 更显示出辅助种群量子差分进化算法在寻优过程中具有更强的稳定性和鲁棒性。

4. AP-QDEA 与 HOAQDE 对比分析

为更好理解 AP-QDEA 算法的性能，这里将其对测试函数 f_1, f_2, f_3 的性能指标与文献[103]中提出的量子差分混合算法（hybrid optimization algorithm based on quantum and differential evolution，HOAQDE）的性能指标进行对

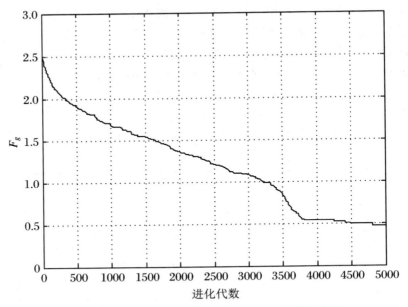

图 4.8 测试函数 f_3 在 AP-QDEA 寻优时的收敛曲线

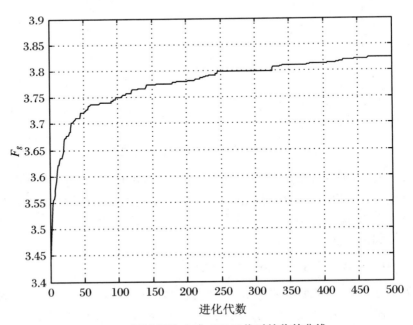

图 4.9 测试函数 f_4 在 DE 寻优时的收敛曲线

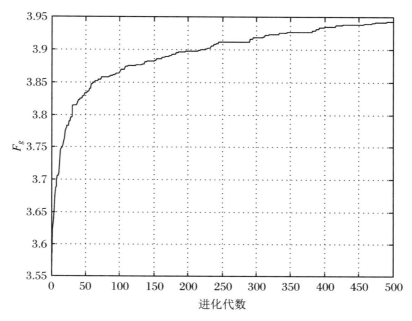

图 4.10　测试函数 f_4 在 AP-QDEA 寻优时的收敛曲线

比，HOAQDE 算法的种群规模为 30，最大运行代数为 1500 代，每个函数分别
独立运行 30 次。仿真结果见表 4.3。

表 4.3　AP-QDEA 与 HOAQDE 优化结果对比表

函数	算法名称	f_{best}	f_{worst}	f_{mean}	$f_{variance}$
f_1	HOAQDE	1.74e − 10	1.54e − 9	5.94e − 10	1.75e − 10
f_1	AP-QDEA	6.4060e − 36	1.3818e − 34	4.2528e − 35	9.1717e − 70
f_2	HOAQDE	7.92e − 10	2.16e − 7	2.36e − 8	4.89e − 8
f_2	AP-QDEA	0	0	0	0
f_3	HOAQDE	2.76e − 10	4.53e − 9	1.02e − 9	9.38e − 10
f_3	AP-QDEA	0	15.7904	2.9188	19.2008

从表 4.3 中的数据可以看出，AP-QDEA 对测试函数 f_1，f_2，f_3 的性能指标
要优于 HOAQDE。

由于辅助种群量子差分进化算法（AP-QDEA）保留了基本差分进化算法的

交叉变异操作及整数编码方式;因此,其具有差分进化算法(DE)所具备的优点,对求解非凸、多峰、非线性函数具有很强的适应性,且具有较好的全局搜索能力。量子进化算法的概率幅编码方式及互补变异方式提高了算法的局部搜索能力,其与辅助种群的结合增强了算法跳出局部最优的能力。保证了 AP-QDEA 算法具有搜索能力强、搜索精度和鲁棒性高等优点。

4.4　辅助种群量子进化算法的应用

4.4.1　轨迹分段归航

翼伞系统分段归航是指翼伞系统在飞行过程中,除了雀降过程之外,根据翼伞自身的飞行特点将其飞行轨迹人为地分成不同的阶段。一般分为三个阶段:起始时间的向心段,此阶段翼伞系统调整航向,使翼伞系统飞向削高区;中间时间的削高段(能量控制阶段),这个阶段主要让翼伞系统在着陆区附近区域实施削高飞行,直至达到预定高度为止;最后一个阶段为着陆段,这个阶段主要为实施雀降做飞行方向上的准备。

目前分段归航的轨迹设计主要有三种[2],本书从能量节约、着陆精度、飞行安全等因素综合考虑,介绍如图 4.11 所示的几何分段归航方法。在图 4.11 中,点 A 为翼伞系统的起始点,G 为目标点,D 点为翼伞系统进入削高阶段的进入点,设翼伞系统在消高段的转弯半径为 R_{EP},D 点与坐标原点的链接线与轴的夹角为 θ_{EP}。该分段轨迹的特点是,翼伞系统首先在 AB 段用于转弯,使飞行方向面向削高区,然后沿直线滑翔到削高区,通过 CD 处过渡转弯正式进入削高飞行阶段 DE,盘旋削高飞行,到达一定高度后再经过弧 EF 过渡进入准备雀降飞行阶段。

1. 最优轨迹确立

从图 4.11 中的轨迹线可以看出,分段优化的关键就是确定进入点 D 的位置,当进入点的位置确定以后整个轨迹就能定下来,确定进入点的位置主要是

确定 R_{EP} 和 θ_{EP} 两个参数的取值。

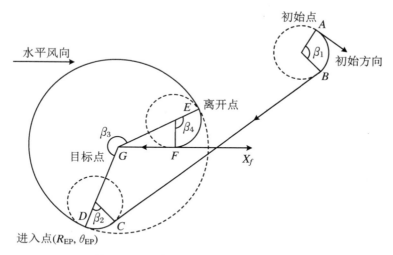

图 4.11　翼伞系统分段归航方法示意图

对翼伞系统归航轨迹优化过程中,应综合考虑着陆精度与控制能量损耗因素;因此,图 4.11 中的分段轨迹规划方法可以使用单侧控制,并在翼伞系统调整飞行方向时采用最小转弯半径转弯飞行(即翼伞系统在弧 AB、CD 与 EF 处以最小转弯半径 R_{min} 转弯飞行,并设三个圆弧所对应的圆心角的取值范围为 $0 \leqslant \beta_1, \beta_2, \beta_4 \leqslant \pi$),尽量使控制能耗减少到最小,剩下的就是找到一个合适的进入点,使整个轨迹达到最优。为此,可以建立式(4.38)所示的目标函数,求取最优轨迹所对应的进入点参数 R_{EP} 和 θ_{EP} 值。

$$\min J = \min \left| R_{min} \cdot (\beta_1 + \beta_2 + \beta_4) + R_{EP} \cdot \beta_3 + \parallel BC \parallel \right.$$
$$\left. + \sqrt{(R_{EP} - 2R_{min}) \cdot R_{EP}} - f \cdot z_0 \right| \qquad (4.38)$$

式中,J 为着陆精度目标函数,表示着陆点与目标点之间的偏差,$R_{min} \cdot (\beta_1 + \beta_2 + \beta_4)$ 表示弧 AB、CD 与 EF 的长度,$R_{EP} \cdot \beta_3$ 表示弧 DE 的长度,$\parallel BC \parallel$ 表示线段 BC 的长度,$\sqrt{(R_{EP} - 2R_{min}) \cdot R_{EP}}$ 表示线段 GF 的长度,$f \cdot z_0$ 表示翼伞系统初始高度对应的水平飞行距离。

2. 轨迹相关参数计算

设 $(x_0, y_0, z_0)^T$ 为初始点坐标,dir 代表翼伞系统转弯飞行方向,当 $dir = -1$ 为顺时针飞行,$dir = 1$ 为逆时针飞行,α_0 为初始航向角,β_1 和 β_2 所处的圆

心位置分别用 O_1 和 O_2 表示,则 O_1 到 O_2 的矢量 $\boldsymbol{L}_{O_1O_2}$ 及 $\boldsymbol{L}_{O_1O_2}$ 与 x 轴正向之间的夹角 $\delta_{O_1O_2}$ 可以由式(4.39)和式(4.40)计算得出:

$$\boldsymbol{L}_{O_1O_2} = \begin{bmatrix} x_{O_1O_2} \\ y_{O_1O_2} \end{bmatrix} = \begin{bmatrix} (R_{EP} - R_{min})\cos(\theta_{EP}) \\ (R_{EP} - R_{min})\sin(\theta_{EP}) \end{bmatrix} - \begin{bmatrix} x_0 + R_{min}\cos(\alpha_0 + dir \cdot \pi/2) \\ y_0 + R_{min}\sin(\alpha_0 + dir \cdot \pi/2) \end{bmatrix}$$

$$(4.39)$$

$$\begin{cases} \delta_{O_1O_2} = \text{sign}(y_{O_1O_2}) \cdot \dfrac{\pi}{2}, & x_{O_1O_2} = 0 \\[3mm] \delta_{O_1O_2} = \dfrac{1 - \text{sign}(x_{O_1O_2})}{2} \cdot \pi \cdot \text{sign}(y_{O_1O_2}) + \arctan\dfrac{y_{O_1O_2}}{x_{O_1O_2}}, & x_{O_1O_2} \neq 0 \end{cases}$$

$$(4.40)$$

4 个过渡圆弧的夹角 $\beta_1, \beta_2, \beta_3$ 和 β_4 的计算可由式(4.41)～式(4.43)计算得出:

$$\begin{cases} \beta_1 = dir \cdot (\delta_{O_1O_2} - \alpha_0) \\ \beta_2 = dir \cdot (\alpha_2 - \delta_{O_1O_2}) \\ \beta_3 = dir \cdot (-dir \cdot \alpha_3 - \theta_{EP}) \\ \beta_4 = \alpha_3 + \dfrac{\pi}{2} \end{cases}$$

$$(4.41)$$

$$\alpha_2 = \theta_{EP} + dir \cdot \dfrac{\pi}{2} = \begin{cases} \alpha_2 - 2\pi, & \alpha_2 > \pi \\ \alpha_2 + 2\pi, & \alpha_2 \leqslant -\pi \\ \alpha_2, & -\pi < \alpha_2 < \pi \end{cases}$$

$$(4.42)$$

$$\alpha_3 = \arcsin\dfrac{R_{min}}{R_{EP} - R_{min}}$$

$$(4.43)$$

求解过程中,若 $\beta_1, \beta_2, \beta_3 < 0$ 时,则对它们的值加上 2π。

3. 参数取值约束

为节约控制能量,提高翼伞系统飞行时的稳定性,需要对 R_{EP} 和 θ_{EP} 的取值范围进行限定,这里,R_{EP} 和 θ_{EP} 的取值按式(4.44)进行约束。

$$\begin{cases} R_{EP} \in [R_1, R_2] \\ \theta_{EP} \in (-\pi, \pi] \end{cases}$$

$$(4.44)$$

式中,R_2 和 R_1 为进入点位置所对应的翼伞系统转弯半径的上下限。

4.4.2　翼伞系统分段归航轨迹优化

式(4.38)被优化参数为实数,且被优化参数少,所以,参数优化过程中对时间的要求(即实时性要求)并不明显,但优化算法应具有较好的搜索能力、搜索精度及较高的鲁棒性。因此,本书将前文介绍的辅助种群量子差分进化算法(AP-QDEA)作为式(4.38)的参数优化算法,接下来对参数进行优化计算。

1. 参数设定

(1)对辅助种群量子差分进化算法中涉及的参数设定如下:

① 种群规模:$N=30$。② 初始旋转角:$\theta_0=0.4\pi$。③ 进化尺度:$\gamma=0.05$。④ 互补变异操作随机选择个体个数:$s=10$。⑤ 缩放因子:$F=0.5$。⑥ 交叉因子:$CR=0.4$。⑦ 搜索次数:$m_1=6$,$m_2=2$。⑧ 终止运行进化代数:$G_m=500$。

(2)翼伞系统及分段归航轨迹相关参数设定如下:

① 翼伞系统初始位置:$(x_0,y_0,z_0)^{\mathrm{T}}=(800,650,920)^{\mathrm{T}}$。② 翼伞系统水平飞行速度:$v_s=13.8\,\mathrm{m/s}$。③ 翼伞系统垂直下降速度:$v_z=4.6\,\mathrm{m/s}$。④ 翼伞系统滑翔比:$f=3$。⑤ 翼伞系统初始飞行角度:$\alpha_0=\pi/3$。⑥ 消高段飞行半径约束:$R_{EP}\in[245,600]$。⑦ 最小转弯半径:$R_{\min}=100$。⑧ 翼伞系统转弯方向:$dir=-1$。⑨ 风与 x 轴同向。

2. 仿真流程

第 1 步:初始化辅助种群差分进化算法、翼伞系统及翼伞系统分段归航轨迹的相关参数。

第 2 步:对主种群和辅种群中的 R_{EP}、θ_{EP} 及主种群中它们对应的概率幅进行初始化。

第 3 步:评价主种群。即利用目标函数式(4.38)分别求取主种群中所有个体对应的适应度函数值,选出并保存最优个体。

第 4 步:互补变异。从 N 个个体组成的主种群中随机选取 s 个个体,对这 s 个个体的每一个分量进行互补变异,并记录最优个体。

第 5 步:根据式(4.20)~式(4.29),对主种群和辅助种群实施差分进化。

第 6 步：$g = g + 1$，判断进化代数是否达到最大进化代数的终止条件，若满足终止条件，输出最优 R_{EP}、θ_{EP} 值，结束算法，执行第 7 步；若不满足，则转向第 3 步。

第 7 步：将辅助种群量子差分进化算法得出的 R_{EP} 和 θ_{EP} 最优值代入式 (4.39)～式(4.43)中，求出分段轨迹各段上的参数，并进一步计算出翼伞系统在每个阶段飞行时所需的时间。

第 8 步：根据起始设定的参数及第 7 步计算出的各段飞行时间，结合翼伞系统质点模型式(3.22)得出轨迹。

3．轨迹优化仿真结果与分析

设进化代数为 500，种群规模为 30，通过辅助种群量子差分进化算法对目标函数寻优，最终得出式(4.38)的最优解 $R_{EP} = 276.9253$、$\theta_{EP} = -1.6656$，此时目标函数值 $J = 0$。图 4.12 为辅助种群量子差分进化算法对分段归航轨迹目标函数寻优过程的收敛曲线。

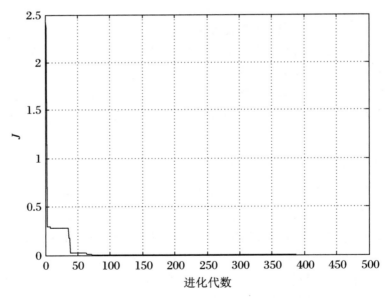

图 4.12　目标函数 J 的 AQDE 寻优收敛曲线

图 4.12 显示，目标函数很快地收敛到最优值，搜索过程中，30 代之前有个短暂的徘徊，之后就迅速收敛，体现了算法跳出局部最优的能力。

图 4.13 和图 4.14 为翼伞系统分段归航时的平面和三维轨迹图。可以看出,规划出的轨迹满足逆风对准和确定目标点着陆的条件。

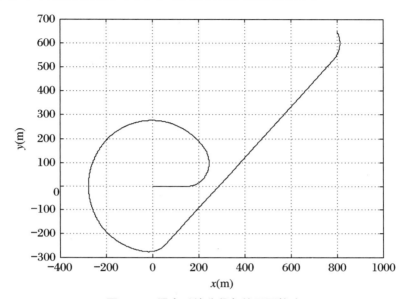

图 4.13　翼伞系统分段归航平面轨迹

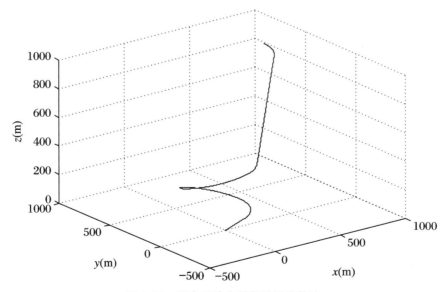

图 4.14　翼伞系统分段归航三维轨迹

图 4.15 为翼伞系统沿着图 4.13 或图 4.14 所示的轨迹进行分段归航时所对应的控制量。可以看出,翼伞系统分段归航时的控制量是个分段函数,这样的控制实现起来比较简单,翼伞系统的飞行也比较稳定;而第 3 章所介绍的翼伞系统最优控制中的控制量是连续变化的,在整个飞行过程中,对翼伞系统左右两个电机相对较频繁的施加控制量,使得系统控制起来比较复杂。

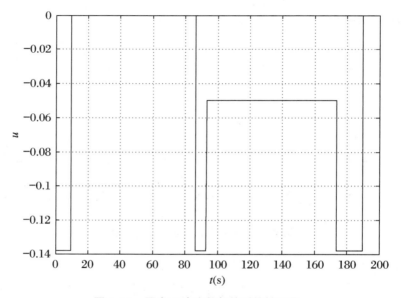

图 4.15　翼伞系统分段归航时的控制量

4.5　本　章　小　结

本章对最优进化算法及其在翼伞系统归航轨迹分段规划中的应用进行了分析和研究。首先,对差分进化和量子进化两种优化算法的原理做了简单介绍,并分析了其优缺点,在此基础上,结合翼伞系统归航过程中的在线轨迹规划要求,给出了一种辅助种群量子差分进化算法(AP-QDEA),详细介绍了算法的实现方法和流程,定义了衡量优化算法性能的评价指标,通过典型测试函数对辅助种群量子差分进化算法的优化性能进行了分析,并与其他算法进行了性能对比,结果表明,辅助种群量子差分进化算法具有更强的稳定性和鲁棒性。

对翼伞系统归航过程中的分段归航方法做了简单介绍,建立了目标函数及相关约束条件,并利用本章介绍的辅助种群量子差分进化算法对轨迹待求参数进行了数值求解,确立了分段轨迹,仿真前对翼伞系统、辅助种群量子差分进化算法及轨迹的初值或相关参数进行了设定,并详细介绍了仿真步骤,在翼伞系统归航轨迹分段规划过程中,辅助种群量子差分进化算法表现出了较强的鲁棒性,并能迅速收敛到最优解。

第5章　翼伞系统归航控制

5.1　引　　言

经典的 PID 控制器具有结构简单、试用对象广泛、控制性能较好的优点,且经过长期的不断发展,较为成熟,被广泛应用到许多技术领域,直至今日,仍是一些领域中的核心控制算法。但参数整定好的 PID 控制器,对一些输入输出具有强耦合性、时变性、扰动性较强等特征的现代控制系统,其控制效果表现不佳,容易出现超调等现象。

自抗扰控制理论是从传统的经典 PID 发展而来的,它继承了经典 PID 控制的优点,并限制了经典 PID 控制的缺点,其最大的特点是将现代控制理论中的状态观测器引入到经典的控制理论中,通过扩张状态观测器将各种扰动提取出来,包括被控对象自身扰动及外部扰动,在其影响系统之前将其抑制掉,从而提高控制质量。近年来,自抗扰技术被广泛应用到各个领域。Ruan[106] 将 AD-RC 用在船舶的方向控制上,仿真证明了控制器的有效性。为了保证移动机器人的准确航行,Song[107] 结合横向移动机器人的数学模型,设计了 ADRC 控制器,仿真验证了所设计的 ADRC 控制器具有很好的控制精度和鲁棒性。Li[108] 将 ADRC 用到了污水处理系统的控制上。Wang[109] 在啤酒发酵的温度控制过程中采用了 ADRC 控制器,仿真结果验证了其合理性。彭艳[110] 和高峰[111] 分别将线性自抗扰控制器(LADRC)应用到无人旋翼机器人的航向控制和船舶的动力定位上,仿真结果表明设计出的线性自抗扰控制器具有很好的适应性和鲁棒性。

半实物仿真是在仿真实验系统的仿真回路中接入所研究系统的部分实物的仿真,其准确含义是 Hardware In the Loop Simulation(HILS),即在回路中含有硬件的仿真[112]。由于半实物仿真是在计算机仿真回路的基础上加入了部分实物,所以这种仿真更接近于实际情况。从某种角度上讲,半实物仿真技术的发展水平也代表着一个国家的整体科技实力。与西方国家相比,我国在航空航天领域的半实物仿真技术的研究及应用起步较晚,但经过 50 多年的发展,半实物仿真技术在导弹制导、火箭控制、卫星姿态控制等飞行器应用研究方面达到了较高的水平。同时,半实物仿真在电子、通信、建筑、气象、舰船、交通、地质、机械制造、轻工等行业和部门得到了广泛应用[113,115]。

本章对翼伞系统归航过程中的航迹跟踪进行了研究[116]。结合横向轨迹误差法、视线跟踪法和线性自抗扰控制器,设计了一种翼伞系统航迹跟踪控制器,并对其有效性做了数值仿真验证。介绍了一种翼伞系统半实物仿真平台,并利用该平台对本章设计的航向跟踪控制器的有效性进行了半实物仿真验证[117]。

5.2　数据扩充后的 ADRC 控制器设计

5.2.1　轨迹跟踪方法

横向轨迹误差法与视线跟踪法是目前用的最多的两种轨迹跟踪方法,各有所长。为保证翼伞系统飞行的稳定与安全,同时兼顾使翼伞系统能够精确地跟踪预先设定好的轨迹,本章采用横向轨迹误差法、视线跟踪法相结合的方式来设计控制器,即翼伞系统通过自身所在位置(水平面位置)和飞行方向与预定位置和方向之间的误差来不断调整自身的位置和飞行方向,逐步缩小或消除与预定位置和飞行方向的误差,达到轨迹跟踪的目的,跟踪原理如图 5.1 所示。

图 5.1 中,$\psi(t)$ 表示翼伞系统的航向角,点 $(x(t), y(t))$ 表示翼伞系统当前所在位置,点 $(x_r(i), y_r(i))$,$(x_r(i-1), y_r(i-1))$,$(x_r(i+1), y_r(i+1))$ 分别表示为翼伞系统所要跟踪预定轨迹上的前一时刻路径点、当前要跟踪的路径

点和下一时刻的路径点,分别将三个路径点用直线段连接在一起,两点之间线段的长度称为该两点间的距离。

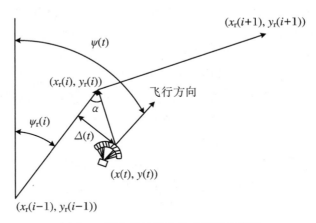

图 5.1 翼伞系统横向轨迹跟踪示意图

为了准确跟踪到预定轨迹,就要使翼伞系统当前的位置到当前与前一时刻路径点之间的连线距离 $\Delta(t)$ 最短,设当前时刻与前一时刻路径点之间的位置偏差为 $\Delta x,\Delta y$,翼伞系统所在位置与当前时刻路径点之间的位置偏差为 $\Delta \hat{x}$,$\Delta \hat{y}$,则,

$$\begin{aligned}
\Delta x &= x_r(i) - x_r(i-1)\\
\Delta y &= y_r(i) - y_r(i-1)\\
\Delta \hat{x} &= x_r(i) - x(t)\\
\Delta \hat{y} &= y_r(i) - y(t)
\end{aligned} \tag{5.1}$$

翼伞系统当前位置 $(x(t),y(t))$ 到当前路径点 $(x_r(i),y_r(i))$ 之间的距离 L_i 可以表示为

$$L_i = \sqrt{\Delta \hat{x}^2 + \Delta \hat{y}^2} \tag{5.2}$$

则距离 $\Delta(t)$ 可用式(5.3)表示:

$$\Delta(t) = L_i \cdot \sin \alpha \tag{5.3}$$

式中,α 是预定轨迹与视线的夹角,随时间变化而变化,如式(5.4):

$$\alpha(t) = \arctan\left(\frac{y(i) - y(i-1)}{x(i) - x(i-1)}\right) - \arctan\left(\frac{\Delta \hat{y}}{\Delta \hat{x}}\right) \tag{5.4}$$

翼伞系统的轨迹跟踪误差可以用式(5.5)计算得出,

$$\psi_e = k_\Delta \cdot \Delta(t) + k_\psi \cdot (\psi_r - \psi)$$

$$= k_\Delta \cdot \Delta(t) + k_\psi \cdot \left[\arctan\left(\frac{\Delta y}{\Delta x}\right) - \psi\right] \qquad (5.5)$$

式中，k_Δ 与 k_ψ 取值方式如式(5.6)：

$$k_\Delta = \begin{cases} 0, |\psi_r - \psi| \geqslant |\psi_0| \\ k_1, |\psi_r - \psi| < |\psi_0| \end{cases}$$

$$k_\psi = \begin{cases} k_2, |\psi_r - \psi| \geqslant |\psi_0| \\ 0, |\psi_r - \psi| < |\psi_0| \end{cases} \qquad (5.6)$$

k_1 与 k_2 为常数，当航向角较大时，采用视线制导控制法来减小翼伞系统飞行角度的误差；反之，采用横向轨迹误差法来减小轨迹跟踪误差。

5.2.2　采样数据扩充原理

为了提高翼伞系统控制器的运算精度，这里利用插值的方法对 GPS 采得的位置数据进行扩充，插值采用简单的分段线性插值，插值原理如图 5.2 所示。

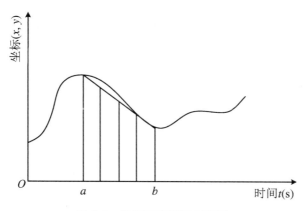

图 5.2　数据扩充原理示意图

图 5.2 中，纵轴代表 GPS 采样得到的二维位置数据，它们都是时间 t 的函数。设 a 和 b 两个时刻 GPS 得到两个连续的位置数据，用直线连接两个点，并在 a 和 b 两个时间点之间找出时间间隔相等的三个时间点，并计算出三个时间点在直线上对应的 x 和 y 轴的位置。同理，对其他任意的两个连续的位置数据

之间均匀地插入三个数据,若采样频率为 10 Hz,经过均匀线性插值,被送入控制器运算的数据就由原来的每秒钟 10 个提高到了 40 个。

5.2.3　自抗扰控制器的设计

由于很难建立精确的翼伞系统运动模型,且在翼伞系统飞行过程中,很容易受到周围风场的影响,结合自抗扰控制具有不依赖被控系统数学模型,通过自身的状态观测器抑制扰动的特点,选取调节参数相对较少的线性自抗扰控制器作为翼伞系统的航向控制器。

1. 线性自抗扰控制器(LADRC)原理

实际系统中,有许多系统的被控对象可以简化为二阶形式,例如可以将本书中的翼伞系统的被控对象写成二阶形式,二阶被控对象的数学表达式形式可以写成式(5.7)形式:

$$\ddot{y} = -a\dot{y} - by + w_{drt} + bu \tag{5.7}$$

式中,y 代表系统的输出,u 代表系统的输入,w_{drt} 代表来自系统外部的干扰,这里我们将式(5.7)写成式(5.8)形式:

$$\begin{aligned}\ddot{y} &= -a\dot{y} - by + w_{drt} + bu \\ &= -a\dot{y} - by + w_{drt} + (b - b_0)u + b_0 u \end{aligned} \tag{5.8}$$

令 $f = -a\dot{y} - by + w_{drt} + (b - b_0)u$,这里,可以把 f 看成系统的总扰动,b_0 代表系数 b 的估计值,并令

$$\begin{cases} \dot{x}_1 = x_2 \\ \dot{x}_2 = x_3 + bu \\ \dot{x}_3 = h \\ y = x_1 \\ f = x_3 \end{cases} \tag{5.9}$$

式(5.7)的扩张状态空间的形式可以写成式(5.10)的形式:

$$\begin{cases} \dot{x} = Ax + Bu + Eh \\ y = Cx \end{cases} \tag{5.10}$$

其中,系数矩阵取值如式(5.11)所示:

$$A = \begin{bmatrix} 0 & 1 & 0 \\ 0 & 0 & 1 \\ 0 & 0 & 0 \end{bmatrix}, \quad B = \begin{bmatrix} 0 \\ b \\ 0 \end{bmatrix}, \quad E = \begin{bmatrix} 0 \\ 0 \\ 1 \end{bmatrix}, \quad C = \begin{bmatrix} 1 \\ 0 \\ 0 \end{bmatrix} \quad (5.11)$$

则系统的总扰动 f 就可以通过线性状态观测器式(5.12)观测出来,

$$\begin{cases} \dot{z} = Az + Bu + L(y - \hat{y}) \\ \hat{y} = Cz \end{cases} \quad (5.12)$$

式中,z 状态为式(5.10)状态 x 的观测值,令 $L = (b_1, b_2, b_3)$,称其为线性状态观测器的增益向量,合理的选取增益向量中的值,就可以产生如式(5.13)所示的逼近形式,

$$\begin{cases} z_1 \rightarrow y \\ z_2 \rightarrow \dot{y} \\ z_3 \rightarrow f \end{cases} \quad (5.13)$$

线性状态观测器的增益向量中要调整的参数有三个,调整起来比较繁琐,为了减小调整难度,这里采用 Gao 在文献[118]中提到的观测器增益简化方法,将 $L = (b_1, b_2, b_3)$ 写成 $L = (3w_0, 3w_0^2, w_0^2)$ 的形式,其中,w_0 称为线性状态观测器的带宽,此时,只需调整一个参数,简化了状态观测器参数的调整难度。令

$$u = \frac{u_0 - z_3}{b_0} \quad (5.14)$$

并设状态观测器能够很好地估计出系统总扰动 f,二阶被控对象表达式可以化为

$$\begin{aligned} \ddot{y} &= -a\dot{y} - by + w_{drt} + bu \\ &= -a\dot{y} - by + w_{drt} + (b - b_0)u + b_0 u \\ &= f + b_0 u \\ &= f - z_3 + u_0 \\ &\approx u_0 \end{aligned} \quad (5.15)$$

采用如式(5.16)的反馈控制率(FCL)控制式(5.15)

$$u_0 = k_p(v_0 - z_1) - k_d z_2 \quad (5.16)$$

令 $k_p = w_c^2, k_d = w_c$,将调整参数减少为一个 w_c 进行调节。联立式(5.12)、式(5.14)和式(5.16)即可估计出二阶系统的总扰动,并实现补偿,对扰动加以抑制,这种控制方法即为线性自抗扰控制,其控制结构示意图如图 5.3 所示。

　　图 5.3 中,ESO 为扩张状态观测器(本书采用的线性状态观测器),虚线框中部分即为线性自抗扰控制器(LADRC),主要由扩张状态观测器和反馈控制律(FCL)两部分构成,其核心为扩张状态观测器。$v_0(t)$ 代表给定值,$z_1(t)$,$z_2(t)$,$z_3(t)$ 分别代表系统输出、系统一阶微分及系统总扰动 f 的估计值,sat( )为饱和限幅函数。

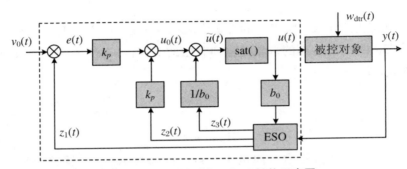

图 5.3　二阶被控对象 ADRC 结构示意图

2. 翼伞系统轨迹跟踪 ADRC 控制器设计

　　翼伞系统轨迹跟踪过程中所产生的航向角误差,根据 5.2.1 小节中介绍的轨迹跟踪方法来计算,参与运算的位置数据通过 5.2.2 小节中介绍的数据扩充方法将采样得来的位置数据进行插值,翼伞系统当前的航向角可以通过式(5.17)计算得出:

$$\psi(t) = \arctan\left(\frac{\mathrm{d}x}{\mathrm{d}y}\bigg|_t\right) \tag{5.17}$$

式中,x 和 y 为对采样数据插值后得到的位置数据,对式(5.17)求一阶导数得

$$\dot{\psi}(t) = w_z(t) \tag{5.18}$$

对式(5.18)进一步求导,设

$$\dot{w}_z(t) = f(\psi(t), w_z(t)) + w_{\mathrm{dtr}}(t) + b_0(t)u(t) \tag{5.19}$$

　　将式(5.19)写成二阶对象的表达形式,如式(5.7)或式(5.15)形式,根据式(5.12)建立翼伞系统的扩张状态观测器,利用扩张状态观测器估计出翼伞系统当前航向角、航向角的变化率及整个系统的总扰动,将它们与期望航向角一起送入反馈控制率抑制航向角误差,实现翼伞系统的轨迹跟踪控制。

　　由于状态观测器在瞬态响应(transient response)时观测值会存在极值,为了防止系统控制量出现峰值,这里采用饱和限幅函数 sat( )对加载到翼伞系统电机上的控制量实施限幅[77],根据翼伞系统航迹跟踪控制时系统的相应情况,经过反复验证,选取式(5.20)的限幅形式,

$$M > \max \left| \frac{u_0(t)}{b_0} \right| \tag{5.20}$$

式中,M 代表加载到左右电机上的最大的单侧控制量,其取值与翼伞伞衣后缘上左右两侧伞绳的单侧最大下拉长度(或单侧下偏量)相对应。

$$u(t) = M \cdot \mathrm{sat}\left(\frac{b_0 \tilde{u}(t)}{M} \right) \tag{5.21}$$

式中,b_0,$u_0(t)$ 和 $\tilde{u}(t)$ 与图 5.3 中的符号一致,限幅函数 sat( )选取标准饱和限幅函数,如式(5.22)所示:

$$\begin{cases} \mathrm{sat}(x) = 1, & |x| > 1 \\ \mathrm{sat}(x) = x, & |x| \leqslant 1 \end{cases} \tag{5.22}$$

5.3　数值仿真与分析

5.3.1　控制精度及能耗衡量标准

为了更好地衡量采样数据插值前后控制器的优劣,定义控制总能耗、轨迹跟踪平均误差和轨迹跟踪最大误差三个指标,定义如下:

定义 5.1　控制总能耗 s,是指翼伞系统被空投后,从翼伞系统跟踪预定轨迹开始到轨迹跟踪结束,加载到电机上的控制量之和,用式(5.23)表示:

$$s = \int_{t_0}^{t_1} |u(t)| \, \mathrm{d}t \tag{5.23}$$

式中,$u(t)$ 为控制量。

定义 5.2　轨迹跟踪平均误差 r_{av},是指翼伞系统在跟踪预定的轨迹过程中,产生的轨迹误差的总和与预定轨迹总长的比值,如式(5.24):

$$r_{av} = \frac{\int_{t_0}^{t_1} |r(t)| \, dt}{l}$$

$$= \frac{\int_{t_0}^{t_1} |f_1(t) - f_2(t)| \, dt}{l} \tag{5.24}$$

式中，$r(t)$ 为翼伞系统跟踪误差，$f_1(t)$ 为翼伞系统航迹，$f_2(t)$ 为预定轨迹，l 为预定轨迹长度，t_0 和 t_1 为翼伞系统轨迹跟踪起始和终止时刻。

定义 5.3 轨迹跟踪最大误差 r_{avmax}，是指翼伞系统在跟踪预定的轨迹过程中所产生的误差最大值，其表示形式如式(5.25)所示：

$$r_{avmax} = \max(|r(t)|), \quad t = t_0 \sim t_1 \tag{5.25}$$

t_0 和 t_1 为翼伞系统轨迹跟踪起始和终止时刻。

5.3.2 仿真条件及预定轨迹设计

(1) 翼伞系统基本参数的选择见表 2.1，其他参数设定如下：

① 初始速度：$(v_x v_y v_z)_0 = (15.9, 0, 2.1)^T$。② 初始角速度：$(w_x w_y w_z)_0 = (0,0,0)^T$。③ 欧拉角初始值：$(\zeta, \theta, \psi)_0 = (0,0,0)^T$。

(2) 设定 ADRC 控制器中的参数 $\omega_0 = 2$，$k_p = 0.07$，$k_d = 0.2$，$b_0 = 5$，饱和限幅参数 $M = 0.139$，$k_1 = -0.0018$，$k_2 = 1$。

(3) 预定轨迹设计。

为了能够更好地反映 ADRC 控制器的航迹跟踪性能，这里设计一个相对苛刻的预定轨迹，轨迹的前段是由点(0,0)和点(1000,1000)构成的直线段轨迹，后段是由点(1000,1000)，(1700,1000)，(1700,1700)，(1000,1700)和(1000,1000)五个点构成的正方形轨迹，轨迹的起始点设在点(0,0)的位置。翼伞系统所在位置信息通过搭载在系统上的 GPS 设备采样获得，采样设备采用常用的采样频率为 10 Hz 的 GPS。

5.3.3 仿真结果及其分析

1. 数据扩充前的 ADRC 翼伞系统航迹跟踪仿真

图 5.4 为 ADRC 翼伞系统跟踪预定平面轨迹时的运动轨迹图,其中,实线为要跟踪的预定轨迹,虚线为在自抗扰控制器作用下的翼伞系统飞行轨迹。可以看出,翼伞在跟踪(0,0)和(1000,1000)两点间的直线轨迹时,起始飞行轨迹与设定轨迹误差较大,随着时间的延长,翼伞系统渐渐飞往预定轨迹,到达预定轨迹上以后,一直沿着直线往前滑翔。起初较大的误差是由初始设定条件造成的,翼伞系统的起始航向角为 0,与预定轨迹之间的差值较大,加上翼伞转弯需要时间,所以起始时刻误差相对较大,在控制器的作用下,翼伞系统的飞行轨迹与预定轨迹之间的误差逐渐缩小。后面要跟踪的轨迹为四条直线线段构成的正方形,跟踪到四个角时,因为相同的原因,跟踪误差也相对较大,这种误差可以由所设计出的控制器减小,但不可能消除,因为翼伞系统在转弯时不可能进行直角式的转弯,它需要时间逐渐实现转弯,单侧下偏量过大将影响翼伞系统的安全飞行。

整个飞行过程所对应的控制量变化情况如图 5.5 所示,控制量中显示的正值代表向翼伞系统左侧伞绳加入的控制量,相反,为负值时,代表向右侧加入的控制量。起初误差较大时,控制器发出的控制量也较大,约在时间轴的 25 s(每格为 2 s)处控制量趋于平稳,约等于 0,此时翼伞系统紧密跟踪上预定的轨迹,正沿着图 5.4 中所示的直线飞行。从第 2 章可知,翼伞沿直线运行时,左右两侧所加的控制量为零,图 5.5 进一步验证了这个结论。在运行到约 45 s 处时,控制量变为负值,翼伞控制系统右侧被施加上了控制量,系统开始跟踪正方形轨迹。从控制量图中可以看出,控制量出现周期变化,控制量较大的时刻正好与四个角相对应,因为这四个角所产生的跟踪误差较大。由图 5.4 可以看出系统沿着逆时针方向跟踪矩形轨迹,所以出现了四个角左转弯时对应的控制量的积分比右转弯时大。

图 5.6(a)为未对采样数据进行数据扩充时,ADRC 控制翼伞系统跟踪整个预定轨迹时所产生的误差。

为从量的角度衡量 ADRC 控制器的控制性能,下面对 5.3.1 小节中定义

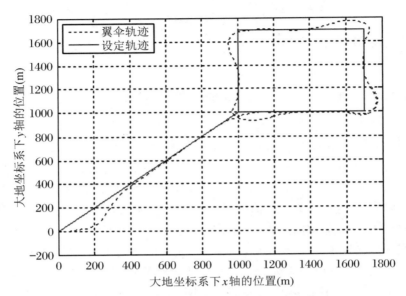

图 5.4　采样数据未扩充时 ADRC 航迹跟踪平面轨迹

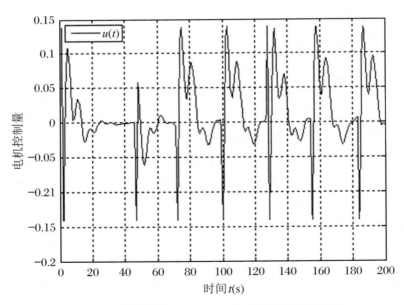

图 5.5　采样数据未扩充时 ADRC 航迹跟踪时控制量

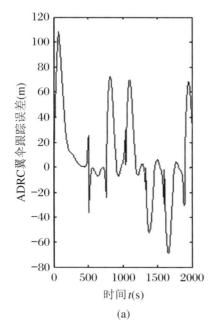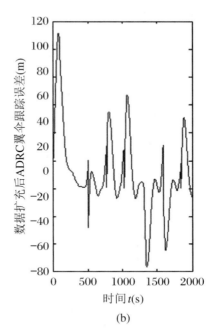

图 5.6　航迹跟踪误差

的三个性能指标分别进行计算,利用式(5.23)对加载到控制对象上的控制量进行求和,来判断整个控制过程的控制总能耗,

$$s = \int_0^{200} |u(t)| \, \mathrm{d}t = 14.1072 \tag{5.26}$$

从图 5.6(a)翼伞系统跟踪预定轨迹形成的误差波形可以看出,跟踪过程中的最大误差 r_{avmax} 为 108.3,借助 MATLAB 及式(5.24)对误差波形求轨迹跟踪平均误差 r_{av},

$$r_{av} = \frac{\int_{t_0}^{t_1} |r(t)| \, \mathrm{d}t}{l} = 23.7316 \tag{5.27}$$

综上所述,在 ADRC 控制器的作用下,翼伞系统能很好地实现对预定轨迹的跟踪。

2. 数据扩充后的 ADRC 翼伞航迹跟踪仿真

图 5.7 和图 5.8 为插值后的 ADRC 翼伞系统跟踪平面轨迹及轨迹跟踪时加在控制对象上的控制量。

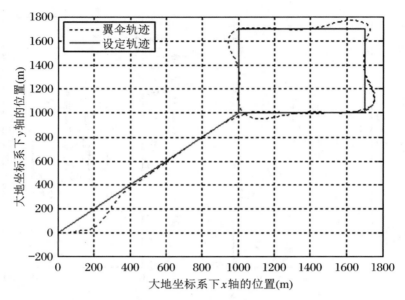

图 5.7   采样数据扩充后 ADRC 航迹跟踪平面轨迹

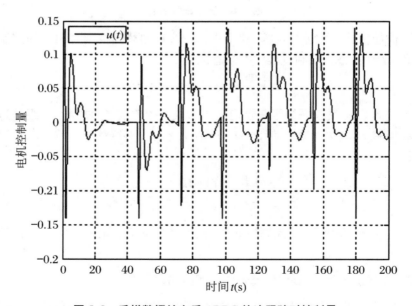

图 5.8   采样数据扩充后 ADRC 航迹跟踪时控制量

从图 5.7 中可以看出,翼伞系统跟踪设定轨迹的精度提高了,计算插值后的控制总能耗为

$$s = \int_0^{200} |u(t)| \, dt = 13.8744 \tag{5.28}$$

图 5.6(b)为插值后的 ADRC 翼伞系统对预定轨迹跟踪的误差波形,由图中可以看出,跟踪过程中的最大误差 r_{avmax} 为 111.5,同样利用式(5.24)对图 5.6(b)中的误差波形求轨迹跟踪平均误差 r_{av},

$$r_{av} = \frac{\int_{t_0}^{t_1} |r(t)| \, dt}{l} = 20.6244 \tag{5.29}$$

对比采样数据扩充前后,从仿真图形及定义式(5.23)~式(5.25)的计算结果(式(5.26)~式(5.29)及 r_{avmax} 的计算结果)来看,ADRC 控制器在翼伞航迹的控制过程中,控制总能耗由 14.1072 降低到 13.8744,轨迹跟踪误差由 23.7316 降低到 20.6244,轨迹跟踪最大误差前后基本相等。

5.4　本　章　小　结

本章研究了翼伞系统的航迹跟踪控制问题。针对翼伞系统载重物质量等约束条件选择了相应伞型,在此基础上结合横向轨迹误差法及视线跟踪法为其设计了线性 ADRC 控制器,为了进一步提高控制器在翼伞轨迹跟踪中的控制精度,采用了插值的方法对采样的数据量进行了扩充,由此提高了控制器在控制中的运算精度,相应地缩小了翼伞跟踪预定轨迹的平均误差,同时节约了翼伞轨迹跟踪过程中的总控制能量。定义了衡量控制器控制精度的参数,并通过 MATLAB 对翼伞系统的六自由度运动模型进行了仿真,仿真结果验证了控制器的可行性。

第6章　翼伞系统的半实物仿真

6.1　引　　言

　　翼伞气动性能优良,通过自动或手动的滑翔转弯控制可以实现精确的定点着陆,且成本低,将在飞行器回收、人员、武器装备、救生物资的定点空投等领域有着广泛的应用前景。研究人员在对翼伞的应用研究过程中,须对研究进展反复进行验证,主要采用仿真和试验手段,但目前对系统的仿真仅局限于计算机上,在验证控制器的有效性和执行机构工作的正确性上主要采用汽车拖曳、塔台投放和高空空投实验,存在控制算法不能得到充分验证的缺点,且塔台投放和高空空投实验存在实验成本高、风险大、周期长的缺点,大大降低了研发效率。半实物仿真系统往往是解决类似问题的有效途径,对项目的研究起到事半功倍的效果,本章介绍一种用于翼伞系统的半实物仿真平台。该平台是在充分考虑翼伞系统特点的基础上,结合实际工程中运行的飞控系统及执行机构现状研制的。目前,该仿真系统已获国家发明专利。本章首先介绍了仿真平台的组成结构、工作原理,最后对本章设计的数据扩充后的 ADRC 航迹跟踪控制器的有效性进行了半实物仿真验证。

6.2　翼伞半实物仿真平台及工作原理

6.2.1　半实物仿真平台组成

仿真平台主要由电机操纵系统、伞载控制系统和翼伞系统模型仿真系统三部分组成,其结构如图 6.1 所示[119]。

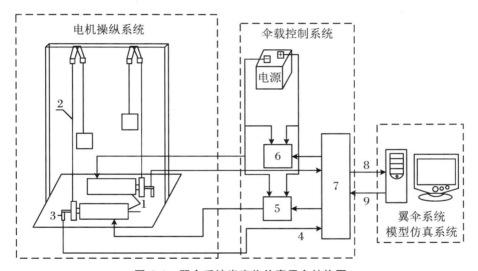

图 6.1　翼伞系统半实物仿真平台结构图

1. 操纵翼伞后缘左右两条伞绳的直流电机,左右分别对应一个;
2. 伞绳及用于模拟电机在下拉伞绳过程所受力的重锤;
3. 位置传感器;4. 将位置传感器采集数据送入控制器的信号线;
5、6. 左右直流电机驱动器;7. 控制器;8、9. RS-232 信号线

电机操纵系统主要由底座、支架、重锤和控制翼伞操纵绳下偏量的左右两个电机等部分组成,所有部件尺寸和其他参数均根据翼伞系统实际工作情况设计制作。左右电机轴上各装有一个绞盘,用于收放翼伞操纵绳,同时在两个电

机轴上还分别装有两个多圈电位器,用于测量电机转动位置信息。伞载控制系统主要包括电源、控制器和两个电机的驱动器。电机驱动器主要由驱动芯片和无触点开关组成,用于左右电机的驱动。控制器向驱动器发出 PWM 信号、接收来自电机的位置转动信息和来自翼伞系统模型仿真系统的解算信息、向模型传递控制量等信息,并向 SD 卡实时记录仿真数据。翼伞系统模型仿真系统由PC 机实现,PC 机通过运行在其上面的翼伞系统动力学模型,将解算出的翼伞位置实时显示,形成动态的翼伞系统归航曲线图,并将解算出的翼伞系统的位置以 GPS 的 GPRMC 数据格式传递给伞载控制系统的控制器。

　　图 6.2(a)和图 6.2(b)分别为半实物仿真系统的电机操纵系统和驱动板的实际效果图。

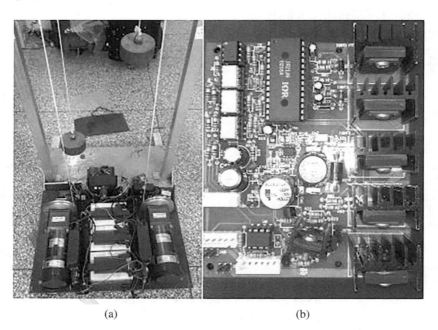

(a)　　　　　　　　　　　　　　(b)

图 6.2　电机操纵系统及电机驱动板实物图

6.2.2　信息格式转换

　　由于翼伞系统对地理信息的采集通过 GPS 模块实现,因此,为实现模型仿真系统与伞载控制系统的无缝连接,需要将模型仿真系统下的直角坐标位置信息转换为伞载控制系统所需的 GPS 信息格式,格式转换采用高斯-克吕格投影逆变换方法实现[120-122],转换公式如式(6.1)～式(6.9):

$$B_0 = \frac{x}{a(1-e^2)A_0} \tag{6.1}$$

$$B_f = B_0 + \sin 2B_0\{K_0 + \sin^2 B_0[K_2 + \sin^2 B_0(K_4 + K_6\sin^2 B_0)]\} \tag{6.2}$$

$$t_f = \tan B \tag{6.3}$$

$$\eta_f = e_1\cos B_f \tag{6.4}$$

$$N_f = a/\sqrt{(1-e^2\sin^2 B_f)} \tag{6.5}$$

$$M_f = N_f/(1+\eta_f^2) \tag{6.6}$$

$$B = \left[B_f - \frac{t_f}{2M_fN_f}x^2 + \frac{t_f}{24M_fN_f^3}(5+3t_f^2+\eta_f^3-9\eta_f^2t_f^2)x^4 \right. \\ \left. - \frac{t_f}{720M_fN_f^5}(61+90t_f^2+45t_f^4)x^6 \right]\frac{180}{\pi} \tag{6.7}$$

$$l = \left[\frac{1}{N_f\cos B_f}x - \frac{t_f}{6N_f^3\cos B_f}(1+2t_f^2+\eta_f^2)x^3 \right. \\ \left. + \frac{t_f}{120N_f^5\cos B_f}(5+28t_f^2+24t_f^4+6\eta_f^2+8\eta_f^2t_f^2)x^5 \right]\frac{180}{\pi} \tag{6.8}$$

$$L = L_0 + l \tag{6.9}$$

其中,x,y,z 代表直角坐标系下翼伞系统的位置信息,L_0 代表中央子午线所处的大地经度,B 代表待计算点对应的大地纬度,l 代表待计算点对应的大地经度与投影带中央子午线经度之间的差值,公式中其他参数的取值如下:

$a = 6378137$ m;

$b = 6356752.3142$ m;

$f = (a-b)/a$;

$e^2 = (a^2-b^2)/a^2$;

$e_1^2 = (a^2-b^2)/b^2$;

$A_0 = 1 + 3e^2/4 + 45e^4/64 + 350e^6/512 + 11025e^8/16384$;

$A_2 = -0.5[3e^2/4 + 60e^4/64 + 525e^6/512 + 17640e^8/16384]$;

$A_4 = 0.25[15e^4/64 + 210e^6/512 + 8820e^8/16384]$;

$A_6 = -[35e^6/512 + 2520e^8/16384]/6$;

$$A_8 = (315e^8/16384)/8;$$

$$K_0 = \frac{1}{2}\left[3e^2/4 + 45e^4/64 + 350e^6/512 + 11025e^8/16384\right];$$

$$K_2 = -\frac{1}{3}\left[63e^4/64 + 1108e^6/512 + 58239e^8/16384\right];$$

$$K_4 = \frac{1}{3}\left[604e^6/512 + 68484e^8/16384\right];$$

$$K_6 = -\frac{1}{3}\left[26328e^8/16384\right]$$

翼伞系统在直角坐标下的纵坐标信息 z 相当于 GPS 采样数据中的高度 H。

6.2.3　半实物仿真流程及控制器工作流程

仿真前,将翼伞系统的飞行目标点、飞行误差计算算法(采用 5.2 节中介绍的航迹跟踪方法)及待验证的自主归航控制算法事先置入控制器。翼伞从初始设定位置出发,向目标点飞行,控制器通过 GPS 检测当前位置,并计算出自身位置与目标点位置之间的误差,将其送入自主归航控制算法进行控制量的解算;解算出的控制量通过电机驱动电路分别加到左右电机上,此时通过对多圈电位器采样得到的电机转动位置信号通过图 6.1 所示的信号线 4 送入控制器,作为控制器容错判别信号,同时,控制器实时将时间、控制量、位置等信息记录到 SD 上,并将解算出的控制量和相应电机转动位置信号通过图 6.1 信号线 8 送入翼伞系统模型仿真系统;控制量通过运行在该系统上的翼伞六自由度仿真模型的解算,计算出下一时刻翼伞系统所在位置(直角坐标系下的三维位置信息)和翼伞的飞行姿态;最后,控制器利用高斯-克吕格投影逆变换方法,将新解算出的翼伞系统在直角坐标系的三维位置转换为 GPS 格式的位置信息,并通过图 6.1 中 RS-232 信号线 9 回送到控制器中,由此进行下一个循环,直至仿真结束。仿真过程中,控制器的主要工作流程如图 6.3 所示。

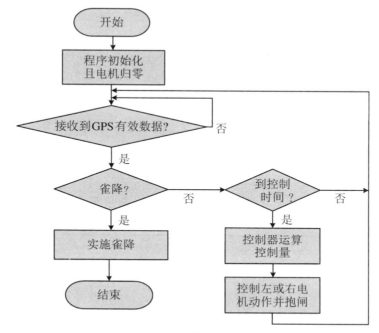

图 6.3　控制器工作流程图

6.3　半实物仿真实例

下面以第 5 章中设计的 ADRC 航向控制器为例,对其控制效果进行半实物仿真实验和分析。

6.3.1　仿真条件与参数设定

所选翼伞伞形的基本参数如表 2.1 所示,限定空投物质量为 80 kg,翼伞系统初始状态参数设定如下:

(1) 初始速度:$(v_x, v_y, v_z)_0^T = (15.9, 0, 2.1)^T$;

（2）初始欧拉角度：$(\zeta,\theta,\psi)_0^{\mathrm{T}}=(0,0,0)^{\mathrm{T}}$；

（3）初始角速度：$(w_x,w_y,w_z)_0^{\mathrm{T}}=(0,0,0)^{\mathrm{T}}$。

控制器参数设置参见第 5 章 5.3 节，翼伞系统起始点坐标设为（2.15，2.17）（经纬度表示方法），高度设为 4000 m，目标点坐标设为（1.5,3.0），仿真步数设为 400 步。

6.3.2　仿真结果与分析

图 6.4(a)显示的是从半实物仿真系统的 PC 机屏幕上观测到的翼伞系统

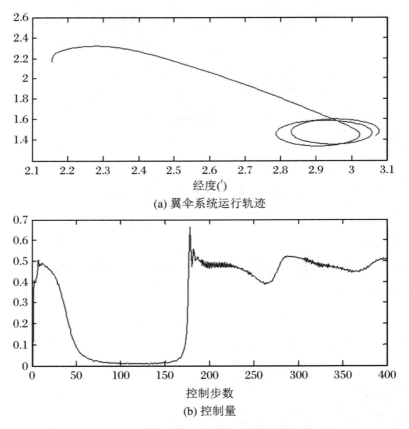

(a) 翼伞系统运行轨迹

(b) 控制量

图 6.4　翼伞系统飞行轨迹及相应控制量

运行的轨迹图,图 6.4(b)是整个半实物仿真实验结束后,从 SD 卡上取出的整个运行过程所对应的控制量。

由于翼伞初始航向角的设定与翼伞目标点的方向不一致,所以在开始阶段控制器发出的控制量较大(此时左侧控制电机下拉伞绳,左侧重锤上升),使翼伞系统的飞行方向逐渐与目标点方向一致。此后,飞行轨迹基本为直线(左侧重锤基本与右侧重锤位置平行),因此控制器的控制量较小。仿真运行到 160 步左右时,翼伞系统到达目标点,但由于空投初始高度较高,此时翼伞系统并未着陆,所以沿着目标点上空盘旋削高,直至结束。通过两图的对比可以清楚地观测出 ADRC 航向控制器的控制过程,翼伞系统从初始点飞行到目标点上空,飞行轨迹验证了该控制算法的正确性和有效性。

仿真过程中翼伞系统控制器不断将飞行时间、控制量、电机转动位置等信息以文本文件格式记录在控制板上所带的 SD 卡上,其格式如图 6.5 所示。

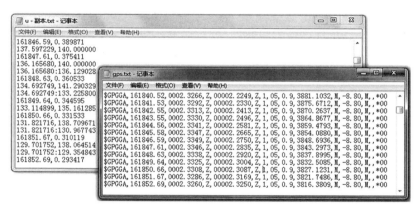

图 6.5　SD 卡记录的信息文件

文件名为"u.副本 txt"的文件显示的是仿真结束后记录在 SD 卡上的控制时间、控制量、电机控制前后位置等信息,"gps.txt"文件记录了控制器自仿真开始直至结束的 GPS 格式的位置信息,这些数据通过输入翼伞空降系统的离线分析软件中,可以对控制器的控制性能(如电机转动、飞行轨迹误差等)做出更细致的分析。

通过半实物仿真不仅可以获得翼伞系统飞行过程中的相关特征数据、绘出图像及现场观测判断制导方法、控制算法(广义预测控制、PID、ADRC、模糊控制等)、软件等理论设计方面的合理性;同时也可以对伞形选择、电机、驱动器、

卫星数据采集、控制板、信号传输、元件分布及尺寸等硬件工作情况及其设计的
合理性做出较全面的验证。

6.4 本 章 小 结

　　本章介绍了一种翼伞半实物仿真平台。该平台采用部分实物与计算机相
结合的方式设计,解决了计算机仿真完全脱离实际环境单独运行和实际空投试
验带来的高成本、低效率等缺陷。首先,介绍了半实物仿真平台的基本构成、直
角坐标系向地理坐标系的转换方法、半实物仿真平台的仿真流程;最后,对第 5
章介绍的 ADRC 航向跟踪控制器(也可以选择 PID、自适应控制、广义预测控
制、模糊控制等其他控制器进行验证)的控制效果进行了半实物仿真,输出了翼
伞系统的飞行轨迹、控制量曲线及记录在 SD 卡上的实时信息文件,用于进一步
分析。

第 7 章　总结与展望

7.1　总　　结

　　能够实现安全且精确自主归航的翼伞系统具有广泛的应用领域和前景。因此,本书对翼伞系统运动特性、在线风场辨识和预测、自主归航轨迹的规划和轨迹跟踪控制方法等内容做了深入研究,得出了一些结论,取得了一些创新性成果[123],简要总结如下:

　　(1) 根据研究目的,确定并介绍了翼伞系统的六自由度运动模型,对翼伞系统在双侧等量和差量控制条件下的运动特性进行了研究和分析。结果表明,双侧等量控制条件下,翼伞系统的飞行方向不随控制量的大小而改变,水平飞行速度随控制量增大而减小,但垂直速度增大,翼伞飞行姿态较平稳;双侧差量控制时,翼伞系统的运动性能发生了明显变化,转弯速率、转弯半径、姿态稳定性、水平面合速度及垂直速度的变化具有不对称性,为单电机控制或双电机异常工作条件下的翼伞自主归航系统的设计提供了理论支撑。

　　(2) 将翼伞系统的飞行状态分为直线滑翔和转弯两种情况,分别研究其受风影响前后的飞行轨迹变化,并单独设计风场辨识方法,提出了一种适用于翼伞系统自主归航过程中的在线风场辨识方法,仿真分析了方法辨识精度与下偏量的关系。

　　借助大气动力学相关理论,建立了广义上部摩擦层风廓(风场)计算公式,并结合书中提出的翼伞系统风场辨识模型,创建了用于翼伞系统自主归航过程中的在线风场预测模型,并将预测风场与实测风场信息进行仿真对比,验证了该风场预测模型的正确性,为实现翼伞系统对周围风场的在线辨识提供了方法。

(3) 鉴于高斯伪谱法具有求解精度高、收敛速度快等优点,提出将其应用到翼伞系统自主归航过程中的最优轨迹的规划过程中。简要介绍高斯伪谱法知识,叙述了其在轨迹优化过程中的应用方法,仿真验证了该方法的可行性。

针对翼伞系统归航过程中的异常工作状况,提出了归航轨迹的容错设计方法。基于对翼伞系统双侧等量和差量控制条件下研究结论,建立了翼伞系统异常工作条件下的三自由度质点模型,并确立了该条件下的目标函数、各种约束条件,结合高斯伪谱法求取最优控制率。

(4) 结合差分进化和量子进化两种算法的寻优优点,兼顾翼伞系统的在线寻优需求,提出了辅助种群量子差分进化算法。详细介绍了该算法实现方法,并通过多个测试函数对其寻优性能与其他寻优算法进行对比,结果表明该算法寻优性能优于其他算法,具有很强的全局和局部搜索能力。将辅助种群量子差分进化算法应用到翼伞系统分段归航的轨迹规划中,在求解的轨迹参数最优解时具有很强的鲁棒性。

(5) 对翼伞系统自主归航时的航迹跟踪控制进行了研究。针对导航系统工作过程中的不足,结合横向轨迹误差法和视线跟踪法,设计了一种基于数据扩充的线性自抗扰控制器,用于翼伞系统的轨迹跟踪控制。仿真结果表明,在该控制器作用下翼伞系统能够很好地跟踪预定轨迹,具有较好的抗干扰能力。介绍了翼伞系统半实物仿真平台,并在该平台上对书中设计的翼伞系统航迹跟踪控制器进行了半实物仿真验证。

7.2　展　　望

翼伞系统的相关研究内容分布广泛,本书仅对翼伞系统自主归航时涉及的部分问题做了深入研究,即使是这样,仍存在一些不足或需要进一步改进的地方,同时也有许多其他问题等待更深入的研究,比如:

(1) 书中建立了常用的 2000 m 以下的风场预测模型,对于投放高度高于

2000 m（即自由大气层）的风场信息不能准确预测出，因此，需要进一步建立
2000 m 以上能够适用于翼伞系统在线进行风场预测的模型。另外，为了进一步
提高本书所提出风场预测模型的精度，可以对风场辨识模型辨识出来的风场信
息做信号处理，使其更能逼近实际风场。

（2）实现翼伞系统精确归航是一个非常复杂的问题，风场影响是一个主要
因素，但实际风场变化多端，研究高精度的风场预测模型具有重要意义。可以
通过将大气运动模型与智能算法结合起来，进一步提高风场预测模型预测
精度。

（3）可以对具有禁区、障碍物等限定飞行环境下的翼伞系统的安全自主归
航进行研究。

此外，近些年多伞体系统协调控制和载有动力推进系统翼伞系统的相关研
究也开始有成果出现，其研究范围和深度有待进一步发展。

参 考 文 献

[1] EWING E G,KNACKE.回收系统设计指南[M].吴天爵,马宏林,译.北京:航空工业出版社,1988.

[2] 熊菁.翼伞系统动力学与归航方案研究[D].长沙:国防科技大学,2005.

[3] KNACKE T W. Parachute recovery systems design manual[R]. Naval Weapons Center China Lake CA,1991.

[4] 顾正铭.翼伞技术研究的最新进展[J].航天返回与遥感,1998,19(1):5-14.

[5] SMITH J, BENNETT T, FOX R. Development of the NASA X-38 parafoil landing system[C]//15th Aerodynamic Decelerator Systems Technology Conference,1999:99-1730.

[6] 葛玉君,秦子增.可控翼伞系统的滑翔与稳定性分析[J].国防科技大学学报,1992,14(4):34-39.

[7] 李国光,邓正才.冲压式翼伞开伞仿真计算[J].国防科技大学学报,1993,15(4):16-22.

[8] 马海亮,秦子增.九自由度可控制翼伞系统滑翔及稳定性分析[J].国防科技大学学报,1994,16(2):49-53.

[9] 习赵军,李昌喜.九自由度精确空投系统的建模及仿真[J].华中科技大学学报(自然科学版),2010,38(6):8-11.

[10] 钱克昌,陈自力.动力翼伞非线性动力学建模与仿真[J].计算机仿真,2011,28(12):9-13.

[11] 熊菁,秦子增,程文科.翼伞系统弹性连接模型的相对运动分析[J].弹道学报,2006,18(1):25-29.

[12] 贺卫亮.利用风洞试验研究冲压翼伞的升组特性[J].航空学报,1999,20

（Sup）:75-77.

[13] 张顺玉,秦子增,张晓今.可控翼伞气动力及雀降操纵力仿真计算[J].国防科技大学学报,1999,21(3):21-24.

[14] 李扬,夏刚,秦子增.基于预处理方法的冲压式翼伞非定常启动特性数值研究[J].航天返回与遥感,2004,25(2):1-4.

[15] 李健.前缘切口对冲压式翼伞的气动力影响[J].航天返回与遥感,2005,26(1):36-41.

[16] 朱旭,曹义华.翼伞弧面下反角、翼型和前缘切口对翼伞气动性能的影响[J].航空学报,2012,33(7):1189-1199.

[17] 朱旭,曹义华.翼伞平面形状对翼伞气动性能的影响[J].航空学报,2011,32(11):1998-2007.

[18] 张春,杨倩,曹义华,等.冲压翼伞流场与气动操纵特性的数值模拟[J].航空动力学报,2013,28(9):2037-2043.

[19] 张春,曹义华.基于弱耦合的翼伞气动变形数值模拟[J].北京航空航天大学学报,2013,39(5):605-609.

[20] TEZDUYAR T,KALRO V,GARRARD W. Parallel computation methods for 3D simulation of a parafoil with prescribed shape changes [J].Parallel Computing,1997,23:1349-1363.

[21] KALRO V,ALIABADI S,GARRARD W,et al. Parallel finite element simulation of larger ram-air parachutes[J]. International Journal for Numerical Methods in Fluids,1997,24:1353-1369.

[22] MOHAMMAD M,AKIRA U. Experiment investigation on aerodynamic characteristics of a paraglider wing[J]. The Japan Society for Aeronautical and Space Sciences,2006,49(163):9-17.

[23] MASAHITO W,YOSHIMASA O. Modeling and motion analysis for a powered paraglider(PPG)[C]//SICE Annual Conference 2007. IEEE,2007:3007-3012.

[24] MASAHITO W, YOSHIMASA O. Linear Model of a Powered Paraglider and Observer Dedign[C]//2008 SICE Annual Conference. IEEE,2008:2135-2140.

[25] ZHOU H X,CHEN Z L,JIANG T. Dynamics analysis and simulation

of 9 DOF unmanned powered parachute based on kane method[C]// Proceedings of the 2010 Intenational Conference on Computer Application and System Modeling,Taiyuan,October,2009:v6-357- v6-360.

[26] CHRISTELLE C,THIERRY L,ERIC P,et al. Simulation of generic dynamics flight equations of a parafoil/payload system[C]//Proceedings of the 20th Mediterranean Conference on Control & Automation, Barcelona,July,2012:222-227.

[27] HE Z,LIU Y B. Optimal control design based on reinforcement learning for a class of nonlinear distributed system[C]//Proceedings of the 10th IEEE International Conference on Control and Automation, Hangzhou,June,2013:384-389.

[28] UMENBERGER J,GOKTOGAN A H. System identification and control of a small-scale paramotor[C]//Proceedings of the 2013 IEEE International Conference on Robotics and Automation, Karisruhe, May,2013:2970-2976.

[29] CAO Y H,ZHU X. Effects of characteristic geometric parameters on parafoil lift and drag [J]. Aircraft Engineering and Aerospace Technology,2013,85(4):280-292.

[30] WIRZ M, STROHRMANN C, PATSCHEIDER R. Real-time detection and recommen- dation of thermal sports by sensing collective behaviors in paragliding[C]//Proceedings of the13th Intenational Conference on Ubiquitous Compuing,Beijing,September,2011:7-12.

[31] PEYADA N K,SINGHAL A,GHOSH A K,et al. Trajectory modeling of a parafoil in motion using analytically derived stability derivative at high angle of attack[C]//Proceedings of the 19th AIAA Aerodynamic Decelerator Systems Technology Conference and Seminar, Williamsburg,August,2007:98-122.

[32] TOUSSAINT C,CUMER C,Le M T,et al. Flight dynamic modeling of the PBO parafoil using sparse preliminary flight test data [C]// Proceedings of the 22nd AIAA Aerodynamic Decelerator Systems (ADS) Conference,Daytona Beach,March,2013:2013-1386.

[33] WARD M，CULPEPPER S. COSTELLO M. Parafoil control using payload weght shift［C］//Proceedings of the AIAA Atmospheric Flight Mechanic Conference 2012，Minneapolis，August，2012：2012-4738.

[34] GORMAN C M，SLEGERS N J. Modeling of parafoil-payload relative yawing motion on autonomous parafoils［C］//Proceedings of the 21th AIAA Aerodynamic Decelerator Systems Technology Conference and Seminar，Eublin，August，2011：2011-2614.

[35] WARD M，MONTALVO C，COSTELLO M. Performance characeristic of an autonomous airdrop system in realstic wind environments ［C］//Proceedings of the AIAA Atmospheric Flight Mechanics Conference 2010，Toronto，ON，2010：2010-7510.

[36] SIEGERS N J. Effects of canopy-payload relative motion on control of autonomous parafoils［J］，Journal of Guidance，Control and Dynamics. 2010，33(1)：116-125.

[37] 熊菁，程文科，秦子增. 基于 Serret-Frenet 坐标系的翼伞系统轨迹跟踪控制［J］. 动力学与控制学报，2005,3(2)：87-91.

[38] 钱克昌，陈自力，李建. 基于动态逆的动力翼伞自主飞行控制方法［J］. 控制工程，2011,18(2)：178-180.

[39] 谢亚荣，吴庆宪，姜长生. 基于 FDO 非线性预测方法的翼伞航迹跟踪控制［J］. 电光与控制，2011,18(7)：72-76.

[40] 谢志刚，陈自力. 基于预测控制和动态逆算法的翼伞飞行控制［J］. 探测与控制学报，2011,33(4)：34-38.

[41] 刘琦，陈猛，庞桂林，等. 基于 PID 控制的翼伞归航技术研究［C］//第五届中国航空学会青年科技论坛论文集. 南昌，2012：284-289.

[42] 朱二琳，张兴会. 翼伞空投系统模糊控制器的设计与实现［J］. 电子测量技术，2011,34(4)：46-9.

[43] 李永新，陈增强，孙青林. 基于模糊控制与预测控制切换的翼伞系统航迹跟踪控制［J］. 智能系统学报，2012,7(6)：1-8.

[44] 阎健，顾正铭. 可控翼伞伺服机构(单电机)的微机控制［J］. 航天返回与遥感，1996,17(2)：17-21.

[45] 李春,吕智慧,黄伟.精确定点归航翼伞控制系统的研究[J].中南大学学报(自然科学版),2012,43(4):1331-1335.

[46] 李哲,顾正铭.可控翼伞导航控制系统的设计[J].航天返回与遥感,2000,21(2):1-7.

[47] CHIARA T,MARILENA V,LEONARDO L. Path following for an autonomous paraglider[C]//Proceedings of the 48th IEEE Conference on Decision and Control,Atlanta,December,2010:4869-4874.

[48] QIAN K C,CHEN Z L. Dynamic inversion based on neural network applied to nonlinear flight control systerm[C]//Proceedings of the 2nd Intenational Conference on Future Computer and Communication,Wuhan,May,2010:v1-699-v1-703.

[49] QIAN K C,LI J. Control method of dynamic inversion with neural network used for multi-variable nonlinear flight control system[C]//Proceedings of the 2th Intenational Workshop on Intelligent Systems and Applications,Wuhan,May,2010:1-4.

[50] XIE Z G,CHEN Z L,LV J W. SDRE and series approximations model predictive control for a parafoil system[C]//Proceedings of the 2011 Intenational Conference on Information and Control Engineering,Wuhan,April,2011:2562-2565.

[51] SLEGERS N J, YAKIMENKO O A. Optimal control for terminal guidance of autonomous parafoils[C]//Proceedings of the 20nd AIAA Aerodynamic Decelerator Systems Technology Conference,Seattle,May,2009:2009-2958.

[52] RADEMACHER B J,LU P,STRAHAN A,et al. In-flight trajectory planning and guidance for autonomous parafoils[J]. Journal of Guidance,Control and Dynamics.2009,32(6):1697-1712.

[53] RADEMACHER B J,LU P,STRAHAN A,et al. Trajectory design, guidance and control for autonomous parafoils[C]//Proceedings of the AIAA Guidance,Navigation and Control Conference and Exhibit,Honolulu,August,2008:2008-7417.

[54] CULPEPPER S,WARD M,COSTELLO M,et al. Adaptive control of

damaged parafoils[C]//Proceedings of the 22nd AIAA Aerodynamic Decelerator Systems(ADS) Conference,Daytona Beach,March,2013: 2013-1344.

[55] WARD M,COSTELLO M. Adaptive glide slope control parafoil and payload aircraft[J]. Journal of Guidance, Control and Dynamics. 2013,36(4):1019-1034.

[56] 熊菁,秦子增,文红武.翼伞系统归航的最优控制[J].航天控制,2004,22 (6):32-36.

[57] 谢亚荣,吴庆宪,姜长生,等.粒子群算法在翼伞空投系统航迹规划中的 应用[J].航空兵器,2010,(5):7-10.

[58] 焦亮,孙青林,亢晓峰.基于混沌粒子群优化算法的翼伞系统轨迹规划 [J].复杂系统与复杂性科学,2012,9(1):47-54.

[59] 熊菁,秦子增,程文科.翼伞系统自动归航轨迹的设计[J].中国空间科学 技术,2005,(6):51-59.

[60] 蒲志刚,李良春,唐波,等.翼伞系统分段归航方向控制方法[J].四川兵 工学报,2009,30(10):117-119.

[61] 张兴会,朱二琳.基于能量约束的翼伞系统分段归航设计与仿真[J].航 天控制,2011,29(5):43-47.

[62] KAMINER I I, YAKIMENKO O A. On the development of GNC algrithm for a high-glide payload delivery system[C]//Proceedings of the 42nd IEEE Conference on Decision and Control,Maui,December, 2003:5438-5443.

[63] LIU Z,KONG J. Path planning of parafoil system based on particle swarm optimization [C]//Proceedings of the 2009 Intenational Conference on Computation Intelligence and Natural Compuing,Bei- jing,December,2009:450-453.

[64] PINI G,SHARONI F. Coordination and communication of coopera- tive parafoils humanitarian aid[J]. IEEE Transaction on Aerospace and Electronic Systems,2010,46(4):1747-1760.

[65] JONATHAN R,NATHAN S. Robust parafoil terminal guidance using massively parallel processing. Journal of Guidance[J]. Control and

Dynamics,2013,36(5):1336-1345.

[66] LEE F,JONATHAN R. Bézier curve path planning for parafoil termi-nal guidance[C]//Proceedings of the 22nd AIAA Aerodynamic Decel-erator Systems(ADS) Conference,Deach,March,2013:2013-1325.

[67] CLEMINSON J R. Path planning for guided parafoils:An alternative dynamic programming formulation [C]//Proceedings of the 22nd AIAA Aerodynamic Decelerator Systems(ADS) Conference,Daytona Beach,March,2013:2013-1346.

[68] ROSICH A, GURFIL P. Couling in-flight trajectory planning and flocking for multiple autonomous parafoils[J]. Journal of Aerospace Engineering,2012,226(6):691-720.

[69] HERRMANN T A,WARD M,COSTELLO M,et al. Utilizing ground-based LIDAR for autonomous airdrop[C]//Proceedings of the 22nd AIAA Aerodynamic Decelerator Systems(ADS) Conference,Daytona Beach,March,2013:2013-1387.

[70] 张翼,徐向东.可控翼伞虚拟现实训练系统设计与实现[J].空军雷达学院学报,2005,19(4):64-66.

[71] 王锐,李岁劳,刘婷.空投系统航向测量方法研究[J].科学技术与工程,2012,12(4):843-846.

[72] 王锐,孙昕,史晓春.精确空投系统的导航方法研究[J].科学技术与工程,2011,11(28):7028-7031.

[73] POTVIN G. Testing a new model of ram-air parachute inflation[J]. The Aeronautical Journal,1997,101(1007):299-313.

[74] PURVIS J W. Prediction of parachute line sail during lines-first deployment[J].Journal of Aircraft,1983,20(11):940-945.

[75] OGAWA H,KATO E,SAITAO H P,et al. Simulation and flight test of autonomous guidance of small reusable rocket using parafoil[C]//Proceedings of the 2012 IEEE/SICE Inernational Symposium on system integration,Fukuoka,December,2012:148-153.

[76] MORTALONI P A,YAKMENKO O A,DOBROKHODOV V N,et al. On the development of a six-degree-of-freedom model of a low-

aspect-ratio parafoil delivery system[C]//Proceedings of the 17th AIAA Aerodynamic Decelerator Systems Technology Conference and Seminar,Monterey,California,May,2003:2105-2114.

[77] 焦亮.基于翼伞空投机器人系统的自主归航研究[D].天津:南开大学,2011.

[78] 伍科.翼伞归航准则及测风原理探讨[J].航天返回与遥感,1996,17(2):10-16.

[79] WARD M,COSTELLO M. Adaptive glide slope control for autonomous airdrop systems[C]//Proceedings of the 2012 American Control Conference,Montéal,June,2012:2557-2562.

[80] WARD M,COSTELLO M. On the benefits of in-flight system identification for autonomous airdrop systems[J]. Journal of Guidance, Control and Dynamics,2010,33(5):1313-1325.

[81] 王文龙.大气风场模型研究及应用[D].长沙:国防科技大学,2009.

[82] LI Y L,LIN H B,RAVN O. Theoretical investigation of gliding parachute trajectory with deadband and non-proportional automatic homing control[C]//Proceedings of the 11th Aerodynamic Decelerator System Technology Conference,San Diego,December,1991:1991-0834.

[83] 李树荣,张强.计算机数控系统光滑时间最优轨迹规划[J].控制理论与应用,2012,29(2):192-198.

[84] BETTS J T. Survey numerical methodsfor trajectory optimization[J]. Journal of Guidance,Control and Dynamics,1998,21(2):192-207.

[85] 赵娟平,高宪文,符秀辉,等.移动机器人路径规划的改进蚁群优化算法[J].控制理论与应用,2011,28(4):457-461.

[86] 巩敦卫,耿娜,张勇.密集障碍物环境下基于凸包和微粒群优化的机器人路径规划[J].控制理论与应用,2012,29(5):609-616.

[87] 宗群,田栢苓,窦立谦.基于Gauss伪谱法的临近空间飞行器上升段轨迹优化[J].宇航学报,2010,31(7):1775-1781.

[88] BANSON D. A gauss pseudospectral transcription for optimal control[D]. Boston:Massachusettes Institute of Technology,2004.

[89]　HUNTINGTON G T. Advancement and analysis of a gauss pseudospectral transcription for optimal control[D]. Boston：Massachusettes Institute of Technology，2007.

[90]　高海涛，张利民，孙青林，等.基于伪谱法的翼伞系统归航轨迹容错设计 [J].控制理论与应用，2013，30(6)：702-708.

[91]　ZHANG L M，GAO H T，CHEN Z Q，SUN Q L. Multi-objective global optimal parafoil homing trajectory optimization via gauss pseudospectral method[J]. Nonlinear Dynamics，2013，72(1-2)：1-8.

[92]　杨希祥，张为华.基于 Gauss 伪谱法的固体运载火箭上升段轨迹快速优 化研究[J].宇航学报，2011，32(1)：15-21.

[93]　张煜，张万鹏，陈璟，等.基于 Gauss 伪谱法的 UCAV 对地攻击武器投放 轨迹规划[J].航空学报，2011，32(7)：1240-1251.

[94]　HUNTINGTON A V，RAO A V. Optimal reconfiguration of spacecraft formations using the gauss pseudospectral method[J].Journal of Guidance，Control and Dynamics，2008，31(3)：689-698.

[95]　余兵.差分进化算法及其应用[D].西安：西安工程大学，2007.

[96]　龚文印.差分演化算法的改进及其在聚类分析中的应用[D].武汉：中国 地质大学，2010.

[97]　雷琪，吴敏，李景玉.基于动态模型的焦炉加热燃烧过程优化控制[C]// 第 31 届中国控制会议论文集.合肥，2012：7107-7112.

[98]　曹二保，赖明勇，李董辉.基于混合差分进化算法的模糊需求车辆路径问 题[J].系统工程理论与实践，2009，29(2)：106-113.

[99]　葛剑武，祁荣宾，钱峰，等.一种改进的自适应差分进化算法[J].华东理 工大学学报(自然科学版)，2009，35(4)：600-605.

[100]　张华.量子进化算法及其在图像稀疏分解中的应用[D].西安：西安交通 大学，2008.

[101]　张葛祥，李娜，金炜东，等.一种新量子遗传算法及其应用[J].电子学 报，2004，32(3)：476-479.

[102]　STORN R，PRICE K. Differential Evolution-A simple and efficient adaptive scheme for global optimization over continuous spaces[R]. Berkeley，CA：International Computer Science Institue，1995，1-12.

[103] STORN R, PRICE K. Differential evolution-a simple and efficient heuristic for global optimization over continuous spaces[J]. Journal of Global Optimization,1997,11(4):341-359.

[104] HAN K H, KIM J H. Quantum-inspired evolutionary algorthm for a class of combinatorial optimization[J]. IEEE Trans. on Evolutionary Computation,2002,6(6):580-593.

[105] 张锐,高辉,张涛. 求解连续空间优化问题的量子差分混合优化算法[J]. 系统工程与电子技术,2012,34(6):1288-1292.

[106] RUAN J H, LI Y B. ADRC based ship course controller design and simulations[C]//Proceedings of the 2007 IEEE Inernational Conference on Automation and Logistics,Jinan,August,2007:2731-2735.

[107] SONG R, LI Y B, RUAN J H, et al. Study on ADRC-based Mobile Robot Lateral Control[C]//Proceedings of the 2007 IEEE Inernational Conference on Robotics and Biomimetics, Sanya, December, 2007:1190-1193.

[108] LI W D, WANG X Y, LIU Z W, et al. Research on wastewater treatment system based on ADRC[C]//Proceedings of the 8th Word Conference on Interlligent Control and Automation,Jinan,July, 2010:2628-2632.

[109] WANG L, YANG Y H, WEN J X,et al. Active disturbance rejection controller ADRC realization of beer fermentation temperature control system. Proceedings of the 2011 Inernational Conference on Mechatronic Science[C]//Electric Engineering and Computer,Jilin, August,2011:219-222.

[110] 彭艳,刘梅,罗均,等. 无人旋翼机线性自抗扰航向控制[J]. 仪器仪表学报,2013,34(8):1894-1899.

[111] 高峰. 船舶动力定位自抗扰控制及仿真的研究[D]. 大连:大连海事大学,2013.

[112] 单家元,孟秀云,丁艳. 半实物仿真[M]. 北京:国防工业出版社,2008.

[113] 黄建强,鞠建波. 半实物仿真技术研究现状及发展趋势[J]. 船舶电子工程,2011,31(7):5-7.

[114] RAY J A, LARSON G A, TERRY J J. Successful hardware-in-the-loop support of the Longbow/HELLFIRE Modular Missile system [C]//Proceedings of the Technologies for Synthetic Environments, Orlando, 2000:82-90.

[115] 邓红德, 鲍鑫, 吴佳楠. 小型无人机半实物仿真平台实时性研究[J]. 测控技术, 2012, 31(1):121-123.

[116] 高海涛, 孙青林, 亢晓峰, 等. 基于数据扩充的 ADRC 翼伞航迹跟踪控制[C]//第 31 届中国控制会议论文集. 合肥, 2012:2975-2980

[117] GAO H T, YANG S B, ZHU E L, et al. Semi-physical simulation platform nonlinear dynamic systems [J]. Chinese Physics Letter, 2013, 30(11):110503-1-110503-4

[118] GAO Z Q. Scaling and bandwidth-parameterization based controller tuning. in the American Control Conference[J]. Denver, Colorado, June, 2003, 4989-4996.

[119] 孙青林, 焦亮, 陈增强, 等. 翼伞自主归航半实物仿真系统[P]. CN201110174341.7, 2012.

[120] 王君, 舒培贵, 周林. 高斯-克吕格投影在防空指挥系统中的应用[J]. 空军工程大学学报(自然科学版), 2008, 9(3):24-27.

[121] JONES G C. New solutions for the geodeticcoordinate transformation [J]. Journal of Geodesy, 2002, 76(8):437-446.

[122] VERMEILLE H. Direct transformation from geocentric coordinates-to geodetic coordinates[J]. Journal of Geodesy, 2002, 76(8):451-454.

[123] 高海涛. 翼伞系统自主归航航迹规划与控制研究[D]. 天津:南开大学, 2014.